Friederike Range

Wie denken Tiere?

Faszinierende Beispiele aus dem Tierreich

UEBERREUTER

Für meine Eltern

Das säurefreie und alterungsbeständige Papier EOS liefert Salzer, St. Pölten
(hergestellt aus chlorfrei gebleichtem Zellstoff aus nachhaltiger Forstwirtschaft).

ISBN 978-3-8000-7425-9
Covergestaltung: Walter Reiterer
Coverfoto: Thomas Maria Laimgruber
Copyright © 2009 by Verlag Carl Ueberreuter, Wien
Gedruckt in Österreich
7 6 5 4 3 2 1

Ueberreuter im Internet: www.ueberreuter.at

Inhalt

Vorwort

Kognitionsbiologie – eine neue Wissenschaft

In seinem jüngst erschienenen Buch mit dem Titel »Können Tiere denken?" stellt der Marburger Philosophieprofessor Reinhard Brandt diese schlichte Frage, um nach geschickten und verwinkelten Argumentationswegen schließlich die provozierende Antwort zu geben: »Nein, Tiere können natürlich nicht denken, zumindest nicht wie wir Menschen.« Seine Begründung: Den Tieren fehlen vor allem zwei wichtige Voraussetzungen zum Urteilen und Denken. Sie verfügen über keine geeigneten Begriffe, und sie haben keine gemeinsame Öffentlichkeit, die durch das Zeigen geschaffen und im Urteil vertieft wird. Kurz gesagt: Denken in Urteilsform ist Tieren fremd, daher gelangen sie nicht zu objektiver Erkenntnis.

Obwohl auch das vorliegende Buch diese philosophischen Tricks nicht widerlegen kann und will, zumindest nicht im Sinne von harten Beweisen, wäre es für die Debatte doch hilfreich gewesen, wenn Brandt das vorliegende Buch hätte lesen können, bevor er seine eigenen Thesen öffentlich machte. Denn im Unterschied zu Brandt ist die Kognitionsbiologin Dr. Friederike Range nicht angetreten, um bereits zuvor festgelegte Behauptungen rationalisierend zu begründen, sondern um schlicht und ergreifend aufzuzeigen, wie Tiere Entscheidungen des täglichen Lebens treffen und damit überlebenswichtige Probleme lösen. Dies ist – so weit ist Brandt recht zu geben – genau der Unterschied zu philosophierenden Menschen. Nicht Rechtfertigung und Argumentation stehen im Vordergrund, sondern Überleben. Während man sich manchmal des Eindrucks nicht erwehren kann, dass Philosophen mit Regeln und Thesen so lange herumjonglieren, bis sie zu dem Ergebnis kommen, das sie haben möchten – und das sie zuvor schon festgelegt haben –, kann die nüchterne, aber geschulte

Betrachtung tierischen Verhaltens oft ungeahnte Einsichten erzeugen und neue Perspektiven ermöglichen.

Dieses Buch gibt ein beredtes Zeugnis darüber ab, was Tiere – mit den richtigen Augen gesehen und vor die geeigneten Aufgaben gestellt – kognitiv zu leisten imstande sind. In den letzten Jahren hat die Kognitionsbiologie einen unglaublichen Aufschwung erhalten, weil es endlich überzeugend gelungen ist, sich aus der Klammer einer philosophisch verbrämten menschlichen Überlegenheit und einer behavioristischen »Black Box«-Theorie zu lösen. Zudem stellt die moderne Kognitionsbiologie ihre Vermutungen über die geistigen Fähigkeiten von Tieren auf eine datenbasierte, sachliche Basis, abseits von verniedlichender und vermenschlichender Attitüde. Dr. Range zeigt in dem vorliegenden Buch eindrucksvoll, welche neuen Einsichten eine nüchterne, akribische und methodisch saubere Wissenschaft ermöglichen kann, die den oft banalen Geschichten über tierische Intelligenz in den Medien und den seit der Antike erzählten Fabeln und Spekulationen darüber widersteht.

Ohne Zweifel muss auch jeder Kognitionsbiologe lernen, der verführerischen Gefahr der Intuition und Projektion zu widerstehen. Oft meinen auch wir zu vorschnell zu wissen, wie Tiere denken, was sie fühlen oder warum sie so oder so handeln. Diese Intuition ist geleitet von der menschlichen – und, wie im Buch gezeigt wird, nicht nur menschlichen – Fähigkeit, sich in andere Menschen zu versetzen, ihre Gedanken zu lesen und ihre Emotionen mitzufühlen. Durch Verallgemeinerung werden dann manchmal zu arglos menschliche Selbstverständlichkeiten auf die Tiere projiziert. In Tieren stecken aber keine kleinen Menschen, sondern umgekehrt. Wir Menschen sitzen am Ende eines Zweigleins des großen Baums des Lebens, das ohne Unterbrechung zurückführt zum Beginn des Lebens auf dieser Erde.

Manches, was in der langen Geschichte des Lebens erfunden wurde und zum Überleben der darin involvierten Arten beigetragen hat, lebt in uns Menschen fort. Die menschliche Spezies ist nicht nur körperlich ein Produkt ihrer Stammesgeschichte, sondern auch geistig. Die Evolutionäre Erkenntnistheorie, wie sie in Österreich von Konrad Lorenz, Karl Popper und Rupert Riedl in den 60er- und 70er-Jahren des 20. Jahrhunderts vertreten wurde, die aber letztlich auch auf die Einsichten von Charles Darwin zurückgeht, hat diese Genealogie des Geistes thematisiert und damit viele Philosophen schockiert. Zwar ist der Schock einer Naturalisierung des Geistes einigermaßen überwunden, aber wie das vorhin zitierte Buch von Brandt zeigt, tun sich manche Philosophen nach wie vor schwer, auch nichtmenschlichen Individuen Denkleistungen zuzugestehen. Dazu bedient man sich eines alten Tricks: Man engt die Definition eines Begriffs, etwa des Denkens, so weit ein, dass dann die Anwendung nur mehr auf die Zielgruppe – hier auf den Menschen – zutrifft. Mit dieser Einzigartigkeit wird dann die Sonderstellung begründet. Denken ist somit genau das, was nur Menschen tun. Während alle anderen Arten nur einzigartig sind, sind Menschen »einzigartigst« (Dobzhansky). Weniger trickreich und versteckt hat das Alfred Kroeber schon 1923 mit dem Begriff der Kultur gemacht: »Wir können uns dem, was Kultur ist, annähern, indem wir sagen, sie ist das, was die menschliche Spezies hat und was anderen sozialen Spezies fehlt.«

Der moderne Kognitionsbiologe versucht sich dem Verständnis tierischer Denkleistungen nicht mithilfe von Begriffs- und Argumentationsakrobatik anzunähern, sondern beobachtet und analysiert, wie sich Tiere entweder in ihrem natürlichen Umfeld oder in speziell hergestellten Problemsituationen verhalten. Im zuvor genannten Fall des sozialen Lernens und der Bildung von Traditionen kommen dabei neuerdings Befunde zutage, die im Vergleich zum Menschen eine Vielzahl tiefgreifender Ähnlichkeiten aufzeigen. Dr. Range hat auch diese kompakt und prägnant dargestellt, ohne dem Leser die Schwierigkeiten der Freilandforschung unter manchmal lebensbedrohenden Umständen und das schwierige Handwerk des Ersinnens geeigneter Versuchsmethoden vorzuenthalten. Doch wie lohnend dies letztlich sein kann, zeigt das vorliegende Buch. In der Summe der Belege kann der Leser leicht überzeugt werden, dass manche Tiere intentional, also zielgerichtet handeln, einige sogar sich ihrer selbst bewusst werden oder sich gar in andere hineinversetzen können, manche unglaublich erfinderisch sind oder aber Erfinder in der Gruppe imitieren. Manche gebrauchen Werkzeuge, einige können diese sogar verbessern oder extra herstellen, manche Tiere bilden Traditionen aus, und sehr viele Tiere kommunizieren, manche sogar referenziell, also mithilfe von Zeichen. Abgesehen vom Menschen gibt es für Tiere aber (noch) keine sicheren Belege für Lehren, für eine kumulative Kultur und für eine verbale, abstrakte und stark symbolisierte Sprache.

Solche kulturellen Leistungen scheinen sich beim Menschen nach derzeitigem Wissensstand parallel zu biologischen Entwicklungen herausgebildet zu haben. Menschliches Denken beginnt daher nicht mit Argumentationslogik und Urteilsbegründung, sondern baut auf dem Verstehen und Nutzen der physikalischen Umwelt, auf Fähigkeiten der vorsprachlichen Begriffsbildung (Kategorisierung) und den flexiblen, kooperativen sowie konkurrenzbedingten Strategien des sozialen Umgangs auf. Dabei spielen zwar auch logische Prinzipien eine Rolle, so etwa bei polymorphen, also mannigfaltigen Merkmalsregeln zur Repräsentation von Objektklassen, bei Ausschlussprinzipien zum Auffinden versteckter Nahrung und beim Schlussfolgern zur schnellen Erfassung von Dominanzhierarchien. Allerdings ist diese Art der Logik nicht vergleichbar mit der aristotelischen Logik zum Zwecke des richtigen Argumentierens, welche erst im Rahmen einer verbalisierten, komplexen Sprache entstehen konnte. Logik bei Tieren kann jedoch die Stufe der sogenannten Popper-Logik erreichen, die schon Konrad Lorenz als den Inbegriff von Denken charakterisiert hat: Handeln im Vorstellungsraum. Nach Karl Popper hat diese imaginative Fähigkeit, Handlungen zuerst im Geist durchzuspielen, den Vorteil, dass die Vorstellung sterben kann, während ihr Besitzer am Leben bleibt.

Schließlich sei noch auf den ethischen Aspekt der Kognitionsbiologie verwiesen, der sich besonders im Kapitel über soziale Intelligenz aufdrängt. Die kognitiven Fähigkeiten im sozialen Milieu haben es ermöglicht, bereits vor dem Entstehen der menschlichen Zivilisationen moral-ähnliche Entwicklungen in Gang zu setzen. Unsere moralischen Empfindungen beruhen auf Voraussetzungen, die im »nichtmenschlichen« Tierreich entstanden sind: Fürsorge, Entwicklung sozialer Spielregeln, Strategien ihrer Durchsetzung, Befähigung zu Bindung und Freundschaft, Konfliktlösung und gegenseitige Hilfe, aber auch »machiavellische Intelligenz« als Fähigkeit zur Manipulation anderer und schließlich Einfühlungsvermögen (Empathie). Es ist daher dem großen Evolutionsbiologen Stephen Jay Gould recht zu geben, wenn er fragt: »Warum sollte unsere Bösartigkeit das Gepäck einer äffischen Vergangenheit und unsere Gutartigkeit etwas exklusiv Menschliches sein? Warum sollten wir nicht auch hinsichtlich unserer ›edlen‹ Eigenschaften nach Kontinuität mit anderen Tieren suchen?« Keineswegs soll damit bestritten werden, dass die Menschen die Moral institutionalisiert haben und Rechtfertigung sowie Verantwortung ganz neue Dimensionen erreicht haben. Es soll bloß darauf hingewiesen werden, dass wir in dem Maße unsere Mitgeschöpfe respektieren und ihnen Schutz angedeihen lassen sollten, wie wir sie als bewusste, intentionale und leidensfähige Wesen erkennen können. Zu diesem Erkennen und zur Sensibilisierung trägt das vorliegende Buch bei, wozu ich der Autorin herzlich gratulieren möchte.

Ao. Univ.-Prof. Mag. Dr. Ludwig Huber
Leiter der Abteilung für Kognitionsforschung im Department für Neurobiologie und Kognitionsforschung der Universität Wien

Einleitung

Das Ziel dieses Buches ist nicht, eine umfassende Darstellung der gesamten Themenbereiche und Forschungsergebnisse in der Kognitionsbiologie zu geben (was auch kaum möglich wäre), sondern es soll Ihr Interesse, das Interesse des Lesers, für Kognitionsforschung bei Tieren wecken. Dazu wird in jedem Kapitel zuerst ein kurzer Überblick über das Themengebiet mit den jeweiligen Fragestellungen und dem jetzigen Wissensstand gegeben. Anhand von speziellen Beispielen aus der Forschung werden dann weiterführende Fragestellungen behandelt. Diese speziellen Beispiele sind zum Teil so ausgewählt, dass einerseits verschiedene Tiergruppen und Methoden in der Verhaltensforschung abgedeckt werden und dass andererseits für den Laien eine gewisse Attraktivität besteht.

Der Leser wird allerdings feststellen, dass es auf viele Fragen in der Kognitionsforschung noch keine wirklichen Antworten gibt. Was wir wissen, ist, wie sich die Tiere in bestimmten Situationen verhalten, aber was wirklich in ihren Köpfen vorgeht, bleibt uns oft noch verborgen. Aber das wäre ja eigentlich auch uninteressant – zumindest für mich –, denn dann bräuchten wir nicht mehr weiter zu forschen.

Das Ziel dieses Buch ist auch, meine Faszination an der Studie der Intelligenz bei Tieren weiterzuvermitteln und den Leser für die Erfahrung zu begeistern, zu entdecken, welche Entscheidungen Tiere treffen können und welche Dinge sie wahrnehmen und berücksichtigen. Wir teilen diese Welt nicht mit dummen Geschöpfen, sondern mit Tieren, die eine für uns oft überraschende Komplexität in Bezug auf ihr Lernverhalten zeigen!

I

Was ist Kognitionsforschung?

In diesem ersten Kapitel geht es um die Frage, was man bei Tieren unter Intelligenz versteht und warum uns das überhaupt interessiert. Wir werden etwas über die Evolution von Intelligenz erfahren – vor allem darüber, warum das Primatengehirn relativ groß ist. Schlussendlich geht es auch darum, wie man Intelligenz bei Tieren überhaupt erforschen kann – ohne einen »tierischen« IQ-Test zu kreieren.

Was meinen wir eigentlich mit Intelligenz bei Tieren?

Im Mai 2008 habe ich zusammen mit zwei Kollegen – Dr. Zsofia Viranyi und Prof. Dr. Kurt Kotrschal – das Wolfsprojekt »Wolf Science Center« (WSC) (www.wolfscience.at) gestartet. Ziel dieses Projekts ist es, die Intelligenz von Wölfen zu erforschen. Aber was meinen wir eigentlich, wenn wir hier von »Intelligenz« sprechen? Es gibt viele verschiedene Definitionen von »Intelligenz« bei Tieren, aber vielleicht versteht man besser, worum es geht, wenn ich ein bisschen von unseren ersten vier Wölfen erzähle.

Die vier Wölfe bekamen wir im Alter von zehn Tagen vom Tier- und Naturpark Herberstein in der Steiermark. Aragorn und Shima waren von einem Wurf, Kaspar und Taya von einem zweiten. Alle vier hatten die Augen noch geschlossen, als wir sie abholten. Es ist unheimlich wichtig, Wölfe schon so früh von der Mutter zu trennen, damit sie wirklich die Angst vor dem Menschen verlieren. Von nun an waren wir also die Mutter der vier Welpen und zogen die Tiere mit der Hand auf. Sie schliefen bei uns im Bett, wir fütterten sie alle vier Stunden mit der Flasche, schmusten mit ihnen und versuchten, ihr Vertrauen zu gewinnen. Im Alter von vier Wochen zogen wir mit den vier Wölfen in den Cumberland-Wildpark im Almtal bei Grünau. Hier stand uns ein für die kleinen Wölfe ausreichend großes Freigehege mit den erforderlichen Untersuchungsräumen zur Verfügung.

Obwohl die Welpen eigentlich immer zusammen waren und genau dieselben Erfahrungen gemacht haben, zeigte sich trotzdem schon nach kürzester Zeit, dass die vier sehr unterschiedliche Persönlichkeiten waren und auch Probleme ganz verschieden lösten.

Aragorn (Abbildung I-1, Farbbildteil S. 65) war von Anfang an der Größte mit dem meisten Körpergewicht. Trotz seiner Stärke ist er aber sehr viel gelassener als die anderen drei Tiere. Nichts kann ihn aus der Ruhe bringen, und wenn er zu etwas keine Lust mehr hat, geht er einfach. Dieses Verhalten hat sich in den letzten Monaten nicht wirklich geändert: Er schmust gerne, und manchmal arbeitet er auch gerne, aber wenn er vor einem Problem steht, ist er oft nicht wirklich daran interessiert, es mit seinem Kopf – also durch Denken – zu lösen, sondern zieht es vor, einfach zu gehen. Sich anzustrengen ist nicht wirklich seine Stärke!

Kaspar dagegen (Abbildung I-2) ist eher ängstlich und vorsichtig. Er beobachtet genau, was um ihn herum passiert, und man kann buchstäblich sehen, wie sein Gehirn arbeitet. Er ist erstaunlich schnell, wenn es darum geht, eine neue, ihm unbekannte Aufgabe zu lösen. Manchmal ist es direkt unheimlich. Auf der anderen Seite setzt er sein Gehirn auch ein, um uns zu ärgern – er scheint oft genau zu wissen, wie er jeden von uns ganz gezielt am besten zur Weißglut bringen kann. Das ist natürlich sehr menschlich ausgedrückt und nicht wissenschaftlich, aber oft geht es in der Kognitionsbiologie zuerst darum, die Tiere sehr genau zu beobachten und zu versuchen sie zu verstehen. Je besser wir sie und ihr Verhalten kennen, umso leichter fällt es uns zu sehen, wie sie agieren und was ihr Verhalten beeinflussen könnte. Erst danach können wir Versuche planen, die zeigen, inwieweit unsere Eindrücke wirklich richtig sind. Ein gutes Verständnis von seinem Versuchstier erleichtert in starkem Maße die Planung von Experimenten, die für die Tiere relevant sind. Wie wir später noch sehen werden, geht es oft darum, die richtigen Fragen zu stellen – sonst bekommt man kaum positive Ergebnisse!

Aber zurück zu den Wölfen: Im Endeffekt ist Kaspar also kleiner und sicherlich nicht so stark wie Aragorn. Wenn es um Kraft allein ginge, würde er daher wahrscheinlich einen Kampf um die höchste Position in der Rangordnung verlieren. Aber wie wir alle wissen, ist es nicht immer der Stärkste, der etwas zu sagen hat – und das stimmt auch im Tierreich. Von Schimpansen wissen wir zum Beispiel, dass sich körperlich schwächere Tiere manchmal einen Verbündeten gegen stärkere Tiere suchen – nach dem Motto »Zusammen sind wir stark«. Ist das nun intelligentes Verhalten?

Bei der Auswahl eines Verbündeten sind verschiedene Aspekte zu berücksichtigen, z. B. Freundschaften, Verwandtschaften und die Rangposition des Verbündeten. Ziehen Schimpansen und vielleicht auch unsere Wölfe solche Faktoren in Betracht, wenn sie einen Kooperationspartner suchen? Würde das für Sie ein intelligentes Verhalten darstellen?

Was Aragorn und Kaspar betrifft, werden wir sehen, ob sie verschiedene Strategien anwenden, um an die Spitze des Rudels und somit an die beste Position in der Ranghierarchie zu gelangen. Und vor allem werden wir in der Lage sein, durch unsere konstanten Beobachtungen und Versuche herauszufinden, welche Faktoren sie bei

Abbildung I-2: Kaspar und Aragorn im Alter von neun Monaten – hier beim Spielen, und Kaspar liegt unten!

ihren verschiedenen Entscheidungen in Betracht ziehen. Dabei geht es nicht nur um die Frage nach einem Verbündeten, sondern oft auch um den richtigen Zeitpunkt und um die Art und Weise, wie man an sein Ziel gelangt. Flexibilität ist dabei oft gefragt und sicherlich ein ganz wichtiger Faktor, wenn man von intelligentem Verhalten spricht. Wie schnell kann ein Tier auf neue Situationen reagieren, wie schnell kann es effektiv das richtige Verhalten für diese neue Situation auswählen?

Shima ist unser großes Weibchen. Sie ist die Schwester von Aragorn und ihm doch nicht wirklich ähnlich. Sie ist sehr viel vorsichtiger als der große Bruder, aber dafür begeistert, wenn es darum geht, Probleme zu lösen. Sie schaut aufmerksam zu und konzentriert sich sehr stark auf die zu lösende Aufgabe. Wenn es nicht klappt, ist sie frus-triert, gibt aber bei Weitem nicht so schnell auf wie Aragorn. Am meisten hat sie mich überrascht, als sie vier Wochen alt war (Abbildung I-3, S. 22). In dieser Zeit waren die vier Welpen bei uns im Wohnzimmer in einer Art großem Laufstall aus Maschendraht untergebracht, sodass wir sie nicht ständig unter irgendeinem Schrank suchen mussten. Die Welpen waren in dem Alter zwar noch sehr tapsig, aber zumindest krochen sie nicht mehr! Zum Spielen und Verstecken hatten wir einen leeren Weinkarton in das Gehege gestellt – damals passten sie noch alle hinein, und dieser Karton wurde auch ein beliebter Schlafplatz. An einem Nachmittag, als ich das nächste Tier zum Füttern holen wollte, konnte ich folgende Szene beobachten: Der Weinkarton stand direkt neben dem 50 Zentimeter hohen Maschendrahtzaun, Shima stand ungefähr einen Meter neben dem Karton und blickte zum Zaun hinauf. Offensichtlich wollte sie raus aus dem Laufstall. Ohne zu versuchen an dem Zaun hochzuspringen, ging sie zu dem Pappkarton und kletterte darauf. Es war ein wenig schwierig, da der Karton für die kleine Shima doch recht hoch war, aber letztendlich war sie erfolgreich. Oben angekommen drehte sie sich in Richtung Zaun und versuchte nun an diesem hochzuspringen. Das hatten wir noch nie beobachtet, obwohl wir doch eigentlich fast 24 Stunden bei ihnen waren. Dieses Klettern des Welpen auf den Karton und der Versuch, an dem Zaun hochzuspringen, das war schon überraschend. Was war in diesem kleinen Kopf vorgegangen? Hatte sie sich in den Kopf gesetzt auszubrechen, dann aber festgestellt, dass der Zaun eigentlich zu hoch war – aber ohne es auszuprobieren? Hatte sie sich dann überlegt, auf den Karton zu klettern, um von dort zu versuchen, über den Zaun zu springen? Dies wäre dann eine beachtliche geistige Leistung für ein Tier, ganz abgesehen von dem jugendlichen Alter des Wolfes. Hier eine Schlussfolgerung zu ziehen ist schon sehr schwierig. Hat Shima denn wirklich die ganzen Zusammenhänge verstanden, und ist sie durch »Denken« zu dem Schluss gekommen, dass der Zaun vom Karton aus nicht mehr so hoch war? Vielleicht war aber auch alles nur eine Aneinanderreihung von Zufällen. Nur kontrollierte Versuche, wie wir sie später noch sehen werden, können zeigen, was die Tiere wirklich von ihrer Umwelt und von kausalen Zusammenhängen verstehen.

Abbildung I-3: Shima im Alter von sieben Wochen, hier beim Ausräumen der Arzneibox unserer Tierärztin. Shima hat immer nur Dummheiten im Kopf!

Taya ist unser zweites Weibchen. Sie ist die Kleinste und hat eine schwere Behinderung: Sie ist blind. In der freien Natur hätte sie sicher nicht lange überlebt, aber in unserer Obhut hat sie sich sehr gut entwickelt. Sie ist sehr zutraulich und freut sich immer, wenn jemand zu Besuch kommt. Wir sind oft überrascht, mit welchem Vertrauen sie durch die Welt zieht. Sie hat kaum Angst vor neuen Gegenständen oder Menschen, sondern untersucht alles sehr begierig. Im Gehege findet sie sich ohne Probleme zurecht. Wenn man sie ruft, kommt sie gerannt und meistens, ohne gegen irgendetwas zu laufen. Wenn man sie nicht kennt und nicht ganz genau beobachtet, merkt man oft nicht, dass sie nichts sieht. Aber das Faszinierendste für mich ist, wie gerne sie spazieren geht. Sobald man das Halsband mit der Leine anlegt, ist sie voller Begeisterung und geht überallhin mit. Ob es nun in eine für sie bekannte oder in eine unbekannte Gegend geht – Hauptsache, sie kann spazieren gehen! Während des Spazierens ist sie dann auch sehr interessiert an ihrer Umwelt – sie untersucht alles und lässt sich durch nichts und niemanden beirren (Abbildung I-4, Farbbildteil S. 66). Neugierde und Interesse sind sicherlich auch Eigenschaften, die etwas mit Intelligenz zu tun haben.

Also, zurück zu unserer Frage, was wir nun eigentlich unter Intelligenz bei Tieren verstehen. Man könnte vielleicht sagen, dass ein Tier, das schneller lernt und sich besser an gewisse Dinge erinnert, sich auch besser an seine Umwelt anpassen kann und damit intelligenter ist. Das Problem bei dieser Schlussfolgerung ist, dass es oft sehr schwierig ist, die Lerngeschwindigkeit, die oft noch von vielen Faktoren abhängig ist, zu messen. Zum Beispiel macht es einen erheblichen Unterschied, ob eine Ratte lernen soll, einen Hebel zu drücken, oder ob sie sich kratzen soll, um an Futter zu kommen – Letzteres dauert sehr viel länger. Außerdem gibt es ja auch noch andere intellektuelle Fähigkeiten, die etwas mit Intelligenz zu tun haben, zum Beispiel, wie ein Tier ein neues Problem löst oder welche Zusammenhänge es versteht.

Eine Alternative, um intelligentes Verhalten zu charakterisieren, ist es, zu erforschen, welche Informationen und vor allem wie Informationen aus der Umwelt verarbeitet werden. Als Mensch werden wir täglich von einem Schwall von Informationen überwältigt, die zum Teil für unser Überleben wichtig sind. Zum Beispiel kann der menschliche Gesichtssinn bis zu 40 Millionen Einzelinformationen in der Sekunde aufnehmen – 40×10^6 bits/sec – und an das Gehirn weitergeben, diese dort aber nicht einzeln, sondern vorwiegend im Reizvergleich verarbeitet werden. Aber nicht alle diese Informationen werden gleich behandelt, sondern wir filtern aktiv oder passiv, bewusst oder unbewusst diejenigen heraus, die für uns von Bedeutung sind. Diese gefilterten Informationen werden dann weiterverarbeitet und entweder mit anderen Informationen verbunden, in andere eingegliedert oder auch verworfen. Im Endeffekt kommt es dann aufgrund der verarbeiteten Information zu einer Reaktion. Tiere leben in einer ähnlich komplexen Welt wie der Mensch und müssen ebenfalls Informationen aus ihrer Umwelt filtern. Wie Tiere verschiedene Informationen analysieren und verarbeiten, gibt uns einen Maßstab für Intelligenz, sodass man zu einem gewissen Grad auch zwischen verschiedenen Tierarten vergleichen kann.

Warum interessiert uns die Intelligenz von Tieren?

Beim Lesen über die Wölfe wird sich der eine oder andere fragen, warum es überhaupt jemanden interessiert, ob Wölfe intelligent sind oder nicht. Dazu gibt es zumindest zwei verschiedene Antworten, und diese hängen damit zusammen, dass unsere Haushunde von den Wölfen abstammen.

Hunde waren schon immer ein Teil der menschlichen Gesellschaft und nehmen in unserem Leben viele verschiedene Rollen ein. Sie wurden gezüchtet und trainiert für verschiedenste Zwecke, zuerst als Wach- und Jagdhund, als Kamerad des Menschen, heute auch zur Unterstützung behinderter Menschen bis hin zum Einsatz als Rettungs-, Such- und Polizeihunde. In all diesen verschiedenen Tätigkeitsbereichen sind Hunde auf ihre mentalen Fähigkeiten angewiesen:

Sie müssen viele Dinge lernen und oft eigene Entscheidungen treffen. Hunde stammen vom Wolf ab, und obwohl wir wissen, dass sie sich im Zuge der Domestikation in verschiedenen Aspekten an das Zusammenleben mit den Menschen angepasst haben, ist nach wie vor nicht geklärt, ob ihr Denken noch immer »wolfartig« funktioniert oder ob sich auch ihr Problemlösungsverhalten und Lernvermögen geändert hat. Eine Hypothese nimmt an, dass Hunde im Zuge der Domestikation etwas von ihrer Intelligenz eingebüßt haben. Eine grundlegende Annahme dabei ist, dass die Menschen viele Probleme für sie gelöst haben, während Wölfe mit den Herausforderungen der Wildnis selbst zurechtkommen mussten. Eine zweite Hypothese hingegen geht davon aus, dass Hunde nichts von ihrem physikalischen Verständnis verloren haben, sie aber empfindsamer für menschliche Einflüsse geworden sind und ihr Verhalten dadurch mehr vom menschlichen Verhalten als von eigenständigen Schlussfolgerungen geleitet wird.

Die verfügbaren wissenschaftlichen Daten über das physikalische Verständnis von Hunden sind zum einen sehr rar und widersprüchlich, zum anderen wissen wir nicht, ob ihre Leistung mit jener von Wölfen vergleichbar oder schlechter ist. Um mehr darüber in Erfahrung zu bringen, haben wir (Prof. Ludwig Huber, Dr. Zsofia Viranyi und ich) im Jahre 2007 das Clever Dog Lab (http://cleverdoglab. univie.ac.at) in Wien eröffnet, wo wir das soziale, aber auch das physikalische Verständnis von Hunden mit verschiedenen Tests untersuchen. Im Vergleich dazu werden wir im Wolf Science Center (WSC) das physikalische Verständnis der Wölfe sowie ihre Sensitivität auf menschliche soziale Zeichen erforschen.

Ein triftiger Grund für diese Forschungen ist also die Neugierde des Menschen. Zumindest in Bezug auf den Hund spielen auch praktische Dinge eine Rolle – je besser wir die geistigen Fähigkeiten von Hunden verstehen, umso besser können wir sie trainieren und erziehen und umso besser können sie uns unterstützen!

Ein anderes, sehr bekanntes Beispiel in Bezug auf Intelligenz bei Tieren ist das Pferd »Clever Hans«. In den 20er-Jahren wurde dieses Pferd sehr bekannt, da von ihm behauptet wurde, dass es rechnen könne. Wenn der Besitzer Hans fragte, wie viel drei plus vier sei, klopfte das Pferd sieben Mal mit dem Huf auf den Boden. Das erregte natürlich sehr viel Aufsehen, und Wissenschaftler fragten sich, ob es möglich wäre, dass Tiere wirklich rechnen können. Untersuchungen von Pfungst zeigten dann, dass Hans zwar nicht rechnen konnte, aber trotzdem sehr clever war: Das Pferd hatte nämlich gelernt, auf die Zeichen seines Besitzers und auf die seiner Umwelt zu achten, um die Rechenprobleme zu lösen (Pfungst, 1965). Derjenige, der dem Pferd die Frage gestellt hat, wusste ja meistens die Antwort und teilte diese indirekt – und sicherlich nicht wissentlich – mit. Bei der obigen Aufgabe beispielsweise klopfte Hans so lange mit dem Huf auf den Boden, bis der Besitzer oder der Experimentator vor Spannung den Atem anhielt – also wenn Hans bei sieben Mal Klopfen angekommen war. Das Anhalten des Atems interpretierte Hans als Zeichen, mit dem Klopfen aufzuhören. Das Pferd konnte also nicht rechnen – rechnen konnte der Besitzer oder der Experimentator! Zu dieser Art von Aufmerksamkeit gegenüber ihrer Umwelt sind viele Tiere fähig, was dann oft so scheint, als ob sie ungemein intelligent wären. Diesem Anschein möchte der Mensch auf den Grund gehen und herausfinden, ob die Tiere wirklich so intelligent sind oder ob es eine einfache Erklärung für das Verhalten gibt.

Der andere Grund und wahrscheinlich der Grund für Wissenschaftler, die Intelligenz der Tiere zu erforschen, ist im Endeffekt der Mensch selbst. Uns interessiert immer wieder, ob, warum und inwiefern der Mensch eigentlich etwas Besonderes ist und sich von den Tieren abhebt. Schließlich stammen wir von den Tieren ab, und je mehr wir über ihre geistigen Fähigkeiten wissen, umso besser verstehen wir wahrscheinlich dann auch die Evolution unserer eigenen Fähigkeiten.

Davon abgesehen wissen wir immer noch nicht so genau, wie unser Gehirn eigentlich funktioniert. Unser Gehirn besteht aus 100 Milliarden Zellen, von denen jede einzelne mit anderen Zellen verbunden ist. Wie genau diese Ansammlung von Zellen und Synapsen unsere Gedanken und Erfahrungen bestimmt, ist noch nicht wirklich geklärt. Eine Möglichkeit, diese Fragen zu beantworten, ergibt sich vielleicht durch die Erforschung von Tieren mit einem weniger komplizierten Gehirn. Dies macht aber nur Sinn, wenn man weiß, wozu Tiere geistig fähig sind. Denn nur dann können Gehirnforscher den physiologischen Hintergrund dieser Fähigkeiten erforschen und somit ein besseres Verständnis unseres eigenen Gehirns erlangen.

Intelligenz und Evolution

Während der Evolution ändern sich die physischen Eigenschaften jeder Tierart in Abhängigkeit von den Anforderungen, mit denen sie in ihrer ökologischen Nische konfrontiert wird. Aufgrund dieser unterschiedlichen Anforderungen unterscheiden sich Arten auch sehr stark in ihrem äußeren Erscheinungsbild. Aber natürlich werden nicht nur die physischen Eigenschaften beeinflusst, sondern auch die mentalen Kapazitäten. Das bedeutet auch, dass Tiere, abhängig von der ökologischen Nische, die sie besetzen, unterschiedliche mentale Prozesse entwickeln (Shettleworth, 1998). Von einer Tierart, die zum Beispiel in stabilen sozialen Einheiten lebt und davon abhängig ist, dass die Mitglieder dieser Einheit miteinander kooperieren, um an Futter zu kommen, würde man andere geistige Fähigkeiten erwarten als von einer Tierart, deren Vertreter sich eher allein um ihr Futter sorgen müssen.

Evolutionäre Prozesse können auch dazu führen, dass einige Tierarten sehr spezialisierte Fähigkeiten ausbilden. So verstecken beispielsweise Kiefernhäher (*Nucifraga columbiana*) im Sommer und Herbst um die 10.000 Samenkörner, um durch diesen Vorrat harte Winter zu überleben. Es ist gut vorstellbar, dass Tiere mit einem besseren Gedächtnis ihre Futterverstecke im Winter leichter wiederfinden, somit bessere Überlebenschancen haben und sich besser fortpflanzen werden. Hieraus kann man schließen, dass sich bei diesen Vögeln über viele Generationen ein besseres Gedächtnis entwickelt hat als bei verwandten Arten, die keinen harten Winter überleben und daher auch keine Vorräte anlegen müssen.

Ähnliche Argumente werden auch herangezogen, um zu erklären, warum die Neokortizes der Primaten und besonders des Menschen relativ zur Körpergröße sehr viel stärker ausgebildet sind als bei den meisten anderen Tierarten. Aufgabe des Neokortex ist es, eingehende Sinneseindrücke zu sammeln, diese mit gespeicherten Informationen zu verknüpfen und zu Wahrnehmungen und zu Konzepten zu verarbeiten. Dazu ist dieser Teil des Gehirns über die Relais-Station des Thalamus mit den afferenten Nervenbahnen der Sinnesorgane direkt verbunden, die Informationen an das Zentralnervensystem liefern. Die Verarbeitung der zugeführten Informationen und die neuronale Repräsentation der Umgebung geschehen im Neokortex nach bestimmten Gesetzen. Dieses Hirngewebe ist also das materielle Äquivalent des rationalen Denkens.

Eine Theorie, die versucht die Entwicklung des Neokortex zu erklären, wird als die »Soziales-Gehirn-Hypothese« bezeichnet (*Social Brain Hypothesis*) (Dunbar, 1998; Humphrey, 1976). Demnach soll sich der große Neokortex der Primaten entwickelt haben, um soziale Komplexität zu meistern. Viele Primatenarten leben in Gruppen – teilweise mit mehr als 50 Mitgliedern. Die einzelnen Gruppenmitglieder sind zum Teil miteinander verwandt, bilden Freundschaften mit anderen Gruppenmitgliedern und jedes nimmt einen bestimmten Dominanzrang ein.

So gibt es in einer Gruppe von 120 Tieren – dies ist zum Beispiel eine typische Gruppengröße von Rauchgrauen Mangaben, einer terrestrischen Affenart in Westafrika – insgesamt um die 5.000 dyadische, also Zweier-Beziehungen. Bei der Bildung von Koalitionen spielen jedoch vor allem triadische Beziehungen eine wichtige Rolle (siehe Kapitel IV). Bei einer Koalition, einer Art von Kooperation, bei der sich zwei oder mehr Tiere gegen einen gemeinsamen Gegner verbünden, muss sich ein Tier seinen Partner gut aussuchen. Zum Beispiel macht es wenig Sinn, ein Tier als Verbündeten zu rekrutieren, das mit dem Gegner befreundet oder gar verwandt ist. Obendrein mischen sich, zumindest bei Primaten, Tiere oft nur in einen Konflikt ein, wenn der Gegner einen niedrigeren Rang in der Dominanzhierarchie hat. Das Tier, das einen Partner gegen einen bestimmten Gegner rekrutieren möchte, muss daher nicht nur wissen, wie seine eigenen Beziehungen zu dem Gegner und dem potenziellen Partner aussehen, sondern es muss auch die Beziehungen zwischen dem Gegner und dem potenziellen Partner kennen. So gibt es in einer Gruppe von 120 Tieren 160.000 triadische Beziehungen (Abbildung I-5)! Um sich in dieser sozial doch recht komplizierten Welt zurechtzufinden, muss man nicht nur ein gutes Gedächtnis haben, sondern auch in der Lage sein, flexibel auf neue Informationen zu reagieren und diese zu berücksichtigen.

Obwohl natürlich die Anforderungen einer ökologischen Nische spezifische mentale Prozesse in der Entwicklung fördern, darf man nicht vergessen, dass Fähigkeiten wie Flexibilität und kausales Verständnis für die meisten Arten einen großen Vorteil für das Überleben bieten. Das lässt vermuten, dass es doch einige mentale Prozesse gibt, die bei verschiedenen Tierarten sehr ähnlich sind.

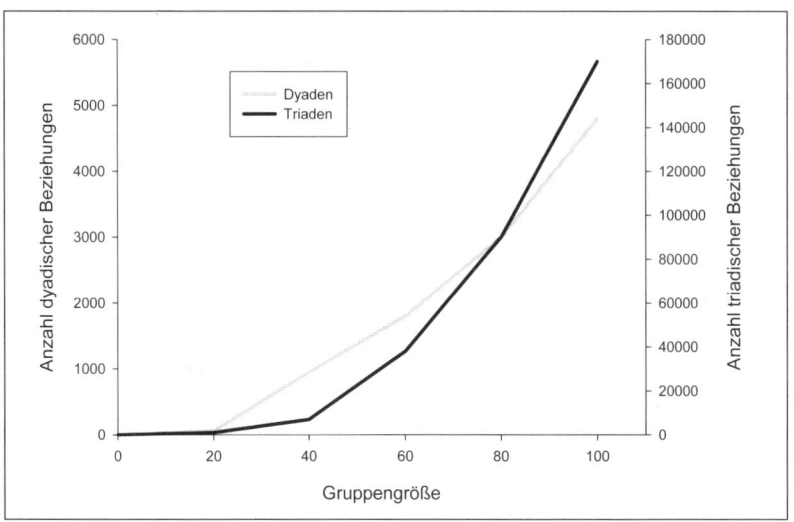

Abbildung I-5: Der Graph illustriert, wie die Anzahl der dyadischen und der triadischen Beziehungen mit der Gruppengröße ansteigt.

Wie kann man Intelligenz bei Tieren erforschen?

Eine Möglichkeit zur Erforschung der Intelligenz bei Tieren ist auf jeden Fall die genaue, wissenschaftlich korrekte Beobachtung der Tiere über lange Zeit. Dabei lernt man sehr viel über die Tiere und kann auch eine Vorstellung davon bekommen, was sie vielleicht wissen könnten und was nicht. Dies ist ein sehr wichtiger Ausgangspunkt, aber um wirklich herauszufinden, welche geistigen Fähigkeiten Tiere besitzen, sind wissenschaftliche Experimente unerlässlich.

Die größte Schwierigkeit der Kognitionsforschung besteht darin, dass man Tiere nicht fragen kann, wie sie eine Aufgabe, ein Problem gelöst haben oder was sie gerade denken. Daher müssen andere Methoden angewandt werden, um zu erfahren, wie die Tiere sich in ihrer Umwelt zurechtfinden und was sie von dieser eigentlich verstehen.

Reine Beobachtung reicht nur selten aus, um das Verhalten eines Tieres zu verstehen, denn möglicherweise war es früher schon einmal in einer ähnlichen Situation und hat dabei gelernt, dass ein bestimmtes Verhalten zum Ziel führt. Und genau dieses Verhalten hat das Tier jetzt wieder angewendet. Das wäre gewissermaßen immer noch ein »intelligentes« Verhalten, da das Tier sich an die Situation und die Lösung des Problems erinnert hat. Auf der anderen Seite wissen wir nicht, wie es beim ersten Mal zu der Lösung gekommen ist. Das Tier kann einfach verschiedene Dinge ausprobiert haben und durch sogenanntes »Trial and Error«-Lernen (Versuch und Irrtum) die Lösung gefunden haben, aber ohne die verschiedenen Faktoren der Situation zu begreifen.

Für Kognitionsbiologen ist das ein ganz wichtiger Punkt, und daher versuchen wir, die Tiere vor ganz neue Situationen, die sie sicher noch nie erlebt haben, zu stellen. Diese Situationen werden die Forscher dann oft bis zu einem gewissen Maß kontrollieren und verschiedene Faktoren in dem Versuchsaufbau variieren. Dazu werden wir nun zwei Beispiele betrachten – eines aus dem Labor und eines vom Freiland.

1. Laborversuch:

Das Ziel bei diesem Versuchsaufbau im Labor war herauszufinden, welche Faktoren einen Affen dabei beeinflussen, etwas von einem Artgenossen zu lernen oder eben nicht. In dem Versuch mussten die Tiere eine Röhre aus einer zweiten herausziehen, um an das darin versteckte Futter zu kommen (Viranyi et al., submitted). Ein Tier fungierte als Modell – es machte dem Artgenossen vor, wie das Problem gelöst wird. Nun kann es sein, dass das beobachtende Tier genau aufpasst, wie das Modell die innere Röhre anfasst und dann aus der anderen herauszieht – dass es also auf die Bewegung des Artgenossen achtet. Es kann aber auch sein, dass das beobachtende Tier nur darauf achtet, wie sich die Röhre aus der anderen herausbewegt, dass es also nur auf die Bewegung der Röhre in der Umwelt achtet. Egal was dieses Tier lernt, es wäre hinterher in der Lage, das Problem zu lösen, indem es entweder die Bewegung des Artgenossen nachmacht oder aber mit seiner eigenen Methode die Bewegung der Röhre repliziert. Für die Forscher ist das allerdings nicht dasselbe, denn die mentalen Prozesse, die das Verhalten steuern, sind dabei wahrscheinlich jeweils andere (siehe Kapitel III). Um also zwischen den beiden Möglichkeiten zu unterscheiden, kann man einer Gruppe von Affen zeigen, wie ein Artgenosse die Röhre herauszieht, und einer anderen Gruppe von Affen, wie sich die Röhre scheinbar von alleine (z. B. indem der Forscher sie mit einem Nylonfaden herauszieht) aus der zweiten herausbewegt. Ist für das beobachtende Tier die Bewegung des Artgenossen wichtig, um zu lernen, wie das Problem gelöst werden kann, werden die Affen der zweiten Gruppe das Problem nicht lösen können oder zumindest länger dafür brauchen als die der ersten Gruppe. Wenn es allerdings dem Affen für das Lösen der Aufgabe ausreicht zu sehen, wie sich die innere Röhre in der äußeren Röhre bewegt, würde man keinen Unterschied zwischen den beiden Gruppen erwarten. (Abbildung I-VI, Farbbildteil S. 67)

2. Feldversuch:

Tiere in ihrem natürlichen Umfeld zu beobachten, um ihre Intelligenz zu erforschen, ist meistens schwieriger als im Labor, da es im Feld viele Einflussfaktoren gibt, die man kaum kontrollieren kann.

Für die meisten Experimente müssen die Tiere zuerst an die Anwesenheit des Menschen gewöhnt werden. Je nach Tierart kann das sehr lange dauern, und bei einigen Tieren ist es kaum möglich und auch nicht empfehlenswert. (Z. B. sollte man sich überlegen, ob man eine Raubkatze an die Anwesenheit eines Menschen gewöhnen sollte oder nicht. Mir wurde von einem Forscher erzählt, dass er die Gewöhnung abgebrochen hatte, nachdem der Leopard sich einmal umgedreht und ihn angeknurrt hatte, da der Mensch zu nahe gekommen war und der Leopard durch die Gewöhnung die Angst vorm Menschen verloren hatte.) Aber selbst wenn die Tiere keine Probleme mit der Anwesenheit von Forschern haben, gibt es immer noch viele Schwierigkeiten. So kann man zum Beispiel einzelne Tiere oft nicht vom Rest der Gruppe separieren und muss warten, bis sie sich von selbst einmal etwas von den anderen entfernen. Man muss auch genau überlegen, was für Versuche machbar sind. Ein Tier als Modell zu trainieren und dann nur ein einziges beobachtendes Tier zu haben wird wahrscheinlich nicht so oft gelingen, vor allem, wenn man mit Tieren arbeitet, die in Gruppen leben.

Eine Methode, die im Freiland oft angewandt wird, sind Playback-Versuche: Hier wird einem Tier ein vorher aufgenommener Ruf eines Artgenossen über einen Lautsprecher vorgespielt und dann seine Reaktion beobachtet. Solche Versuche habe ich zum Beispiel mit Rauchgrauen Mangaben im Taï-Nationalpark an der Elfenbeinküste durchgeführt. Wie oben bereits beschrieben, sind Rauchgraue Mangaben (*Cercocebus atys*) terrestrische, also am Boden lebende Affen, die in Gruppen von bis zu 120 Tieren leben, Männchen und Weibchen gemischt. Hin und wieder kommen fremde Männchen in die Gruppe, die zwischen zwei Tagen und mehreren Monaten bei der Gruppe bleiben, bevor sie wieder verschwinden. Diese Männchen kommen dann oft im Abstand von mehreren Monaten wieder, und Beobachtungen lassen vermuten, dass die anderen Gruppenmitglieder diese Männchen wiedererkannt und ohne Problem als Gruppenmitglied akzeptiert haben. Im Gegensatz dazu reagieren die Tiere sehr aggressiv, wenn ein Männchen von der Nachbargruppe oder ein komplett fremdes Männchen in die Gruppe kommt.

Um zu verifizieren, dass die Mangaben sich wirklich an Gruppenmitglieder erinnern können, die schon seit Monaten nicht mehr in der Gruppe waren, habe ich Playback-Experimente durchgeführt. Als Versuchstiere wählte ich Weibchen mit Nachwuchs aus, da es für diese Tiere ganz besonders wichtig ist, diesen Unterschied zu erkennen: Bei Affen passiert es relativ häufig, dass Männchen, die nicht die Gelegenheit hatten, mit den Weibchen während deren empfänglicher Phase zu kopulieren, Infantizid begehen, also den Nachwuchs töten. Das hängt damit zusammen, dass die Weibchen – solange sie stillen – nicht wieder empfänglich werden. Wenn sie dagegen den Nachwuchs verlieren, sind sie sehr schnell wieder empfänglich. Für Männchen, die definitiv nicht der Vater des Nachwuchses sein können, wäre es also ein Vorteil, den Nachwuchs zu töten, um somit möglichst schnell die Gelegenheit zu bekommen, mit dem Weibchen zu kopulieren und so der Vater des nächsten Nachwuchses zu werden. Für die Weibchen ist dies allerdings ein sehr großer Nachteil, daher sollten sie aufpassen, dass sich keine fremden Männchen ihrem Nachwuchs nähern können. Ich habe also mehreren Weibchen mit Nachwuchs jeweils Kontaktrufe von verschiedenen Männchen vorgespielt, die entweder

1. ständig in der Gruppe waren,
2. nur hin und wieder in der Gruppe gesehen wurden – das letzte Mal vor mindestens drei Monaten,
3. zu der Nachbargruppe gehörten oder
4. sicher noch nie in der Nähe der Gruppe waren.

Nachdem ich die Rufe den Weibchen vorgespielt hatte, nahm ich ihre Reaktion mit einer Videokamera auf. Aufgrund der vorangegangenen Beobachtungen erwartete ich, dass die Weibchen auf die Rufe überrascht und eventuell mit Weglaufen reagieren würden, wenn ich ihnen die Rufe von Männchen aus der Nachbargruppe oder von ganz fremden Männchen vorspielte, nicht aber, wenn es Rufe von Männchen waren, die mehr oder weniger zur Gruppe dazugehörten.

Um die Experimente durchführen zu können, musste ich immer warten, bis ein Weibchen etwas getrennt vom Rest der Gruppe nach Futter suchte und ein Gebüsch in der Nähe war, in dem ich den Lautsprecher verstecken konnte. Bis dann alles fertig aufgebaut war, hatte sich das Weibchen meistens schon wieder entfernt und ich musste von Neuem anfangen. Mit einem 15 kg schweren Rucksack durch den dichten Regenwald zu laufen kann doch manchmal recht anstrengend sein! Normalerweise war ich froh, wenn es mir einmal am Tag gelungen war ein Experiment wirklich durchzuführen.

Nach Abschluss der Versuchsreihe zeigte die Videoanalyse eindeutig, dass die Weibchen wirklich nur dann überrascht reagierten, wenn ich ihnen den Kontaktruf von einem Nachbarn oder einem komplett fremden Männchen vorspielte, nicht aber, wenn sie den Kontaktruf von einem Männchen hörten, das zur Gruppe gehörte, oder von einem, das schon länger nicht mehr da war, aber eigentlich doch zur Gruppe gehörte.

Oft ist es nicht leicht, geeignete Versuche für eine bestimmte Tierart zu finden. Da jedes Tier auf eine bestimmte Art und Weise an seine Umwelt angepasst ist und auch in einem bestimmten Sozialsystem lebt, muss der Forscher sich überlegen, welche Art von Fragen er mit welcher Tierart erforschen kann. Die Frage nach der Gruppenzugehörigkeit bei den Mangaben kann man zum Beispiel nicht mit Diana-Affen testen, da diese in einem Haremsystem mit nur einem erwachsenen Männchen in der Gruppe leben. Es geht also oft darum, relevante Aufgaben für die zu erforschende Tierart zu finden oder, wie es eigentlich richtigerweise sein sollte, die richtige Tierart für eine bestimmte Fragestellung zu finden.

Ein weiteres Problem ist Versuche zu kreieren, die den Tieren »Spaß« machen – bei denen sie also motiviert sind und sich anstrengen, um das Problem zu lösen. Man kann Tiere nicht zwingen zu »denken«, und so ist es gerade in unserem Wissenschaftsfeld enorm wichtig, dass die Tiere freiwillig und gerne arbeiten. Wenn Kaspar, einer unserer Wölfe, zum Beispiel keine Lust hat, bei einem Versuch mitzumachen, können wir uns auf den Kopf stellen, da hilft dann weder tolles Futter noch gutes Zureden – er macht allen anderen Blödsinn, nur nicht die Sachen, die wir von ihm wollen.

Im Großen und Ganzen machen Tiere, die in Gefangenschaft gehalten werden, allerdings sehr gerne an verschiedenen Versuchen mit. Meistens gibt es dabei immer eine Futterbelohnung, und was da passiert, ist für die Tiere etwas Neues, Aufregendes. Wenn es einem also gelingt, dass die Tiere lernen, dass die Versuche Spaß machen und nichts Schlimmes dabei passiert, hat man oft sehr kooperative Testtiere. Unsere Wölfe zum Beispiel finden Versuche ganz toll – meistens stehen sie vor der Tür Schlange, um endlich mitmachen zu dürfen, und drängeln sich in den Raum, sobald sich die Tür öffnet. Geistige Beschäftigung ist für die meisten Tiere genauso wichtig wie für uns Menschen!

Zusammenfassung

Dieses erste Kapitel hat uns einen Einblick in die Hintergründe der Kognitionsforschung verschafft. Wir haben gelernt, dass viele Dinge, die den Menschen betreffen, auch im Tierreich eine Rolle spielen. So müssen Tiere auch mit verschiedenen Situationen zurechtkommen und die bestmögliche Strategie entwickeln, um ihr Ziel zu erreichen. Diese Strategien sind oftmals von der jeweiligen Situation abhängig, aber auch von der Persönlichkeit und dem sozialen Umfeld des jeweiligen Tieres. In den weiteren Kapiteln werden wir mehr darüber erfahren, was Tiere über ihre eigene Umwelt wissen und wie sie dieses Wissen nutzen. Wir werden auch noch viel mehr lernen über die Art und Weise, wie Wissenschaftler herauszufinden versuchen, was Tiere wissen - anhand von Beobachtungen und verschiedenen Experimenten.

II

Sind Tiere logisch? – Wie Tiere Probleme lösen, wenn sie auf sich selbst gestellt sind

Dieses Kapitel gibt einen kurzen Einblick in verschiedene einfache Lernprozesse wie assoziatives Lernen, erforschendes Lernen und Erkenntnis sowie auch in etwas kompliziertere Lernprozesse wie Unterscheidungslernen, Kategorisierung und Konzeptbildung. Im ersten Beispiel wird über Bild-Objekt-Äquivalenz bei Tauben berichtet - eine Frage, die gerade bei der Kategorisierung eine wichtige Rolle spielt. Das zweite Beispiel zeigt, in welchen natürlichen Situationen Kategorisierungen eine große Rolle spielen können. Im letzten Beispiel wird das »logische Denken« bei Hunden behandelt.

Tiere, wie auch Menschen, werden tagtäglich mit vielen verschiedenen Eindrücken und Informationen aus ihrer physikalischen und sozialen Umwelt konfrontiert, die verarbeitet werden müssen, um zu überleben und sich fortzupflanzen. Bei diesem Prozess und somit bei der Bewältigung der entsprechenden Situationen sind viele verschiedene Arten des Lernens gemeinsam mit angeborenen Verhaltensmustern involviert. In diesem Kapitel werden vor allem die individuellen Lernmechanismen diskutiert, während im Kapitel III eher das soziale Lernen besprochen wird.

Es gibt aber nicht nur eine Art von individuellem Lernen, sondern viele unterschiedliche Lernstrategien. Hierzu gehören das assoziative, das instrumentelle und das Unterscheidungslernen sowie die Bildung von Konzepten. Diese Lernstrategien werden auch von anderen kognitiven Prozessen beeinflusst, wie zum Beispiel von Gedächtnis und Aufmerksamkeit. Es würde hier zu weit führen, alle verschiedenen Aspekte zu besprechen und genau zu erläutern – hierzu gibt es ganze Lehrbücher, die sich nur damit auseinandersetzen! In diesem Kapitel werden nur einige Grundprinzipien herausgegriffen und speziell die Kategorisierung und das abstrakte Denken erläutert.

Einfaches assoziatives Lernen

Das einfache assoziative Lernen bedeutet, dass zwei Reize miteinander verpaart werden – also etwa: »Jedes Mal, wenn die Klingel läutet, kommt Futter.« Assoziatives Lernen gilt als eine der einfachsten Formen von Lernen und spielt wahrscheinlich eine fundamentale Rolle auch bei kognitiv höher eingestuften Lernformen, wie zum Beispiel Kategorisierung und Erkennen von Regelmäßigkeiten. Ein gutes Beispiel für eine Form des assoziativen Lernens findet sich in den Studien des russischen Wissenschaftlers Pavlov. Die dort beschriebene klassische Konditionierung (auch Pavlovsche Konditionierung genannt) zeigt, dass ein Individuum eine Assoziation zwischen zwei Reizen herstellt, von denen der eine Reiz eine Art angeborener Reflex und der andere irgendein Reiz ist, der zum normalen Leben gehört (Pavlov, 1927). Pavlov läutete damals zum Beispiel jedes Mal eine Klingel, bevor er dem hungrigen Versuchshund ein Stück Fleisch zeigte. Der Hund erzeugte als Reflex auf das Fleisch Speichel. Nachdem Pavlov einige Male die läutende Klingel und das Fleisch gleichzeitig präsentiert hatte, assoziierte der Hund Klingeln mit Fleisch. Der Hund produzierte dann auch Speichel, wenn gar kein Fleisch vorhanden war, sondern nur Klingeln zu hören war. Er hatte also durch Assoziation gelernt, dass Klingeln Fleisch bedeutet. Die klassische Konditionierung wurde dazu genutzt, um die Grundprinzipien des assoziativen Lernens zu erforschen. Auf dieser Basis konnte erforscht werden, wie stark ein Reiz sein muss (die Lautstärke der Klingel), oder auch, wie groß der zeitliche Abstand zwischen Klingeln und Präsentieren des Fleisches sein darf, damit es gerade noch zu einer Assoziation kommt.

In Rahmen der klassischen Konditionierung wird mit angeborenen Reflexen gearbeitet (Speichelbildung bei einem hungrigen Lebewesen in der Gegenwart von etwas Essbarem), aber prinzipiell kann man Lebewesen auch konditionieren nicht angeborene Handlungen durchzuführen. Diese Art von Konditionierung nennt man instrumentell bzw. operant (Skinner, 1938). Ein sehr wichtiger Aspekt bei der operanten Konditionierung ist die instrumentelle Bestärkung bei der durchzuführenden Tätigkeit – sei sie nun positiver Natur (verstärkt das Verhalten) oder negativer (fehlende Bestärkung schwächt das Verhalten).

Operante Konditionierung ist etwas, was nicht nur in der Wissenschaft benutzt wird: Viele Hundebesitzer und inzwischen auch andere Tiertrainer wenden sie an, um ihre Vierbeiner zu trainieren, wozu sehr häufig ein »Klicker« benutzt wird (Pryor, 1984). Der Klicker – im Prinzip ein Knallfrosch, der einen Klick von sich gibt – wird zur Bestärkung genutzt. Ein Klick hat natürlich an sich keine bestärkende Wirkung, weshalb man das Tier erst darauf konditionieren muss, dass ein Klick Futter bedeutet. Dies erreicht man, indem Klick und Futter mehrmals hintereinander gleichzeitig präsentiert werden. Das Tier lernt dabei, dass Klicken Belohnung bedeutet.

Der Klick erleichtert dem Trainer dabei nur, möglichst präzise zu sein. Stellen wir uns vor, wir möchten unserem Hund beibringen, sich vor uns zu verbeugen. Hunde strecken sich morgens oft nach dem Aufstehen und zeigen das »Verbeugen« fast von selbst. Will man nun, dass sie dieses Verhalten wiederholen, muss es genau in dem Moment »verstärkt« werden, wenn das Tier sich streckt. Wird es bestärkt, wenn es sich schon wieder aufrichtet, könnte es meinen, es werde genau dafür belohnt, und wiederholt das Aufrichten, aber nicht das Strecken. Es ist allerdings für den Trainer sehr schwierig, genau dann das Stück Belohnung in das Hundemaul zu stecken, wenn sich das Tier gerade streckt. Viel einfacher und präziser wird es, wenn im richtigen Moment geklickt wird – für das Tier bedeutet der Klicker nach dem vorherigen Training Belohnung, und durch die zeitliche Präzision kann es schneller lernen, was wir eigentlich von ihm wollen.

Interessanter wird es, wenn Tiere etwas Erfahrung mit dem Klicker gesammelt haben und verstehen, dass Klicken Belohnung bedeutet und dass sie selbst dieses Klicken herbeiführen können. Ein Hund, der zum Beispiel festgestellt hat, dass die Belohnung irgendetwas mit dem Strecken zu tun hat, wird meistens von sich aus anfangen, verschiedene Verhaltensweisen im Zusammenhang mit dem Strecken anzubieten: Kopf auf die Pfoten legen, Kopf neben die Pfoten auf den Boden legen oder ein Bein anwinkeln. Er wird eine Reihe von verschiedenen Möglichkeiten anbieten, bis ein bestimmtes Verhalten dann mit dem Klicken auch belohnt wird. Zu einem gewissen Grad denkt das Tier hier also mit.

Die beiden Formen der Konditionierung, die klassische und die operante, basieren auf der Bildung von Assoziationen. Natürlich gibt es noch viele verschiedene Aspekte des Assoziationslernens, deren Beschreibung aber das Ziel dieses Buches verfehlen würde. Was für den Kognitionsbiologen allerdings sehr wichtig ist und keinesfalls vergessen werden sollte, ist, dass Tiere sehr schnell und sehr viel durch einfache Assoziationen lernen können. So ist ein Verhalten, das oft »intelligent« und spontan erscheint, nichts anderes als eine in der Vergangenheit gelernte Assoziation.

Erforschendes Lernen

Lebewesen lernen natürlich nicht nur, wenn eine bestimmte Aktion belohnt wird, sondern auch durch das Erforschen ihres Lebensraumes (Tolman, 1932). Haben zum Beispiel Mäuse die Gelegenheit einen leeren Raum zu erkunden, bevor eine Eule hineingesetzt wird, haben sie eine bessere Chance dieser zu entgehen, als Mäuse, die vorher keine Erfahrung mit dem Raum sammeln konnten (Metzgar, 1967). Die Mäuse haben also während ihres Erkundungsganges in dem Raum etwas über diesen gelernt, ohne dass sie dabei für bestimmte Handlungen belohnt worden wären. Diese Art des Lernens ist für Lebewesen von großer Bedeutung, um sich in ihrer Umgebung zurechtzufinden.

Einsicht

Erkenntnis ist wahrscheinlich eine der höchsten Formen des Lernens. Dabei wird unterschieden zwischen *Einsicht* und *Einsichtslernen*. Unter Einsicht wird hier verstanden, dass ein Lebewesen die Lösung zu einem Problem findet, indem es mehr oder weniger über dieses »nachdenkt«, die Relationen dieses Problems begreift und damit plötzlich die Lösung erkennt und diese dann ohne Ausprobieren auf das jeweilige Problem anwendet. Einsichtslernen bezieht sich dagegen eher darauf, dass das Lebewesen plötzlich zu der Lösung kommt, indem es seine vorher gesammelten Erfahrungen neu organisiert und auf das Problem anwendet – ebenfalls ohne lange auszuprobieren (Thorpe, 1956). Bei Einsichtslernen spielt also Erfahrung eine ganz bedeutende Rolle.

Ein gutes Beispiel für die Demonstration von Einsicht ist das Seilziehverhalten bei Keas – den neuseeländischen Papageien (Werdenich & Huber, 2006). In einem Experiment hängt von einem Ast ein Seil herab, an dessen Ende eine Belohnung befestigt ist. Diese ist aber so weit vom Boden entfernt, dass die Keas sie nicht von unten erreichen können – der Kea muss also das Seil vom Ast aus heraufziehen. Das klingt einfacher, als es ist, denn der Vogel muss dabei Schnabel und Fuß koordinieren: Zieht er das Seil mit dem Schnabel ein Stück hoch, fixiert es dann aber nicht mit dem Fuß, rutscht es wieder hinunter, sobald er mit dem Schnabel nachfassen will. Er muss also das Seil ein Stück anziehen, dieses dann mit seinem Fuß fixieren, dann mit dem Schnabel nachgreifen und wieder ein Stück anziehen, wieder mit dem Fuß fixieren usw. (Abbildung II-1, Farbbildteil S. 68). Diese Aufgabe ist für Vögel nicht einfach, und viele Arten brauchen langes Training, bis sie begriffen haben, wie sie das Problem lösen können. Keas erfassen diese Aufgabenstellung viel schneller – schon beim ersten Versuch haben die meisten der getesteten Vögel das Problem auf Anhieb gelöst! Da die Vögel in Gefangenschaft aufgewachsen waren, hatten sie keinerlei Erfahrung mit einer solchen oder ähnlichen Aufgabe. Es wird angenommen, dass diese Papageien, um das Problem auf Anhieb zu lösen, den Zusammenhang zwischen dem Seil als Mittel zum Zweck und dem Ziel erkannt und sich dementsprechend verhalten haben (Huber & Gajdon, 2006).

Einsichtslernen ist unter anderem bei Tauben beobachtet worden. So wurden Tauben trainiert, bestimmte Handlungen in verschiedenen Situationen durchzuführen, z. B. mussten sie, um eine Belohnung zu bekommen, eine Kiste zu einem bestimmten Ziel schieben und auf ein Bananensymbol picken (Epstein et al., 1984). In dem eigentlichen Test mussten sie die Kiste in die Mitte des Testraumes schieben, um

an das Bananensymbol zu kommen, das jedoch plötzlich so hoch hin-
aufgezogen wurde, dass sie es ohne Kiste nicht mehr erreichen konnten. Die Tiere mussten also zwei Erfahrungen neu zusammensetzen
und waren auf Anhieb – nach einer kurzen Denkpause – erfolgreich.
Oft ist es allerdings als Kognitionsforscher sehr schwierig zu beurteilen, ob ein Tier durch Einsicht oder auch durch Einsichtslernen zum
Ziel gelangt ist. Erstens ist oft nicht bekannt, welche generellen Erfahrungen Tiere während ihres Lebens schon gesammelt haben, und
zweitens, ob sie dasselbe Problem oder zumindest eines, das sehr ähnlich ist, früher schon durch Versuch und Irrtum gelöst haben und jetzt
»nur« das damals gelernte Verhalten wieder anwenden.

Wenn es etwas komplizierter wird ...
Unterscheidungslernen

Um zu überleben, muss jedes Lebewesen in der Lage sein zwischen
verschiedenen Situationen und Stimuli zu unterscheiden, z. B. um be-
kömmliches von giftigem Futter, Feinde von Freunden, Gruppenmitglieder von Nicht-Gruppenmitgliedern zu unterscheiden. Unterscheidungslernen ist daher im Tierreich sehr verbreitet und wahrscheinlich
sind fast alle Tiere dazu in der Lage. Oft ist dieses sogenannte Diskri-
minationslernen auch die Basis für Methoden, die genutzt werden,
um komplexe Probleme zu lösen. Zum Beispiel basieren die höchsten
Formen der Konzeptbildung, wie das Prinzip von Gleichheit, auf einfachen Diskriminierungen.

Neben simplen Aufgaben gibt es auch Diskriminierungsaufgaben,
die abhängig sind von der Situation, das heißt, der Organismus lernt,
nur bei Darbietung bestimmter Reize eine bestimmte instrumentelle
Reaktion zu zeigen. Dies kann man auch oft in der Realität beobachten, z. B. verhalten wir uns in Gegenwart unserer Freunde anders als
in Gegenwart eines Vorgesetzten. Die anwesenden Personen werden
somit zum diskriminierenden Stimulus.

Kategorisierung und Konzeptbildung

Bei der Kategorisierung wird dagegen eine kompliziertere Fragestellung angesprochen, z. B. wenn Tiere aufgefordert werden viele verschiedene Bilder zu unterscheiden. Eines der ersten Experimente zu dieser Frage wurde von Herrnstein und Loveland (Herrnstein & Loveland, 1964) mit Tauben durchgeführt. Es konnte damals gezeigt werden, dass Tauben in der Lage sind zu lernen, komplizierte Bilder zu charakterisieren. Die Tauben unterschieden 80 Bilder, auf denen Szenen mit Bäumen abgebildet waren, von 80 Bildern mit Szenen ohne Bäume. Interessanterweise hatten die Tauben die Bilder nicht einfach auswendig gelernt – was ja auch eine ganz schöne Leistung gewesen wäre –, denn sie konnten ihr Wissen auch auf ganz neue Bilder übertragen. Diese Ergebnisse haben gezeigt, dass Tiere in der Lage sind zu lernen, zwischen verschiedenen Stimuli der gleichen Kategorie zu unterscheiden.

Inzwischen gibt es schon sehr viel mehr Studien auf dem Gebiet der Kategorisierung. Es stellt sich hier immer wieder die Frage, ob Tiere die Bilder einer Kategorie auf derselben Basis zuordnen wie wir Menschen. Ein interessantes Beispiel in diesem Zusammenhang sind Versuche von Huber und Kollegen (Huber et al., 2000). Die Forscher zeigten den Tauben Farbbilder von 50 männlichen und 50 weiblichen menschlichen Gesichtern. Die Aufgabenstellung wurde noch dadurch erschwert, dass den Tieren nur die Gesichter ohne Kopfbehaarung und alle mit demselben Hintergrund gezeigt wurden (Abbildung II-2, Farbbildteil S. 69). Trotzdem lernten die Tiere, männliche von weiblichen Gesichtern zu unterscheiden. Nachdem die Tiere diese Aufgabe verstanden hatten, wurden ihnen äußerst unscharfe Bilder des gleichen Inhaltes dargeboten – die Tauben konnten immer noch zwischen den Geschlechtern unterscheiden. Das erscheint wie eine unglaubliche Leistung. Weitere Versuche zeigten allerdings, dass die Tauben bei schwarz-weißen Bildern völlig versagten. Die Tauben unterschieden also die Gesichter anhand der Farben! Anscheinend haben männliche Gesichter einen etwas anderen Farbton als weibliche Gesichter. Bei solchen Versuchen muss also immer beachtet werden, worauf die Tiere ihre Diskriminierung und somit die Kategorisierung basieren.

Nachdem in vielen Experimenten gezeigt worden war, dass Tiere Kategorien aufgrund der Kombination einiger bestimmter physikalischer Merkmale erlernen können, wurde weiter untersucht, ob sie Kategorien auch auf einer eher abstrakten Ebene erlernen, ob sie also ein Konzept bilden können. In der Kognitionsforschung sehr bekannt ist das Konzept von Gleichheit bzw. Ungleichheit. Dieses Konzept kann sehr schön an den Versuchen von Irene Pepperberg mit ihrem sprechenden afrikanischen Grauen Papagei mit dem Namen Alex erläutert werden. Dieser war über Jahre hinweg trainiert worden, Farben, Formen und Materialien von Gegenständen zu benennen und auf Fragen der Wissenschaftler zu antworten. Wenn ein Wissenschaftler Alex also zum Beispiel einen roten Kreis und ein rotes Auto zeigte und ihn dann fragte: »Was ist gleich?«, antwortete Alex mit »Farbe«. Der Papagei hat diese Aufgaben gemeistert und damit demonstriert, dass er verstanden hat, was Gleichheit bedeutet. Inzwischen ist klar, dass viele andere Tiere das Konzept Gleichheit verstehen und auf dieser Basis diskriminieren können. Andere Konzepte dagegen, wie zum Beispiel Symmetrie, scheinen schwieriger zu sein und können nicht oder nur sehr schwer von Tieren verstanden werden.

Hat die Hand, die das Korn gibt, auch einen Körper? Bild-Objekt-Äquivalenz bei Tauben

Tauben gehören zu einer der Tierarten, die sehr intensiv in Richtung Diskriminierung und Kategorisierung getestet worden sind. In den meisten Studien müssen die Tauben an Bildschirmen, die auf Berührung reagieren (Touchscreens), zwischen zwei oder mehreren Bildern wählen und eines mit dem Schnabel anpicken (Abbildung II-3, Farbbildteil S. 70). In alternativen Versuchen wurde jeweils nur ein einziges Bild präsentiert und die Tauben so trainiert, dass sie bei einem falschen Bild nicht und bei dem richtigen Bild mehrmals auf den

Bildschirm pickten. Die Belohnung, wenn sie etwas richtig gemacht haben, kommt bei diesen Aufgaben immer von einer Futtermaschine, die vom Computer gesteuert wird.

Obwohl mit dieser Art von Experimenten gezeigt wurde, dass Tauben und auch andere Tiere in der Lage sind, verschiedene Konzepte zu bilden, ist nicht klar, inwieweit sie den Inhalt der Bilder erkennen. So stellt sich zum Beispiel beim Baumkonzept (alle Bäume werden als dieselbe Kategorie erkannt) die Frage, ob die Tiere die Bäume auf den Bildern auch wirklich als Bäume erkennen. Diese Frage ist bei den meisten Studien in dieser Richtung nicht klar. Da Bilder immer nur einen Teil der Information des wirklichen dreidimensionalen Objektes darstellen, ist nicht sicher, was genau Tiere in diesen Bildern sehen. Dies hängt in starken Maßen auch von der Qualität des Bildes, vom visuellen System (Gesichtssinn) und von der Erfahrung des Tieres mit Bildern ab. Bei einer einfachen Kategorisierungsaufgabe am Bildschirm kann die Diskriminierung von Bildern auch auf Basis der Wiedererkennung von zweidimensionalen Merkmalen des Bildes oder des realen Objektes stattfinden. Dabei muss das Bild aber nicht als reales Objekt wahrgenommen werden.

Diese Bild-Objekt-Äquivalenz ist nicht nur ein Problem für Tiere. Zweidimensionale Bilder als eine Repräsentation von dreidimensionalen Objekten wiederzuerkennen ist auch beim Menschen nicht selbstverständlich (Miller, 1973). In einem Experiment mit drei Jahre alten Kindern und Schimpansen wurde zum Beispiel ein Objekt einmal in einer realen Situation und einmal in einem Bild auf einem Bildschirm versteckt. Während die Schimpansen in beiden Situationen gleich abschnitten, hatten die Kinder bei der Bildschirmvariante mehr Schwierigkeiten, das Objekt zu finden (Poss & Rochat, 2003). Erzählt man allerdings den kleinen Kindern, dass der Bildschirm nur ein Fenster zu einem anderen Raum sei, dann sind sie beim Auffinden des versteckten Objektes viel besser, als wenn diese Information nicht gegeben wird (Troseth & DeLoache, 1998).

Um der Frage nachzugehen, ob Tauben Bilder auf dem Bildschirm als

Repräsentation realer Objekte wahrnehmen, haben Ulrike Aust und Ludwig Huber einen sehr interessanten Versuch durchgeführt (Aust & Huber, 2006). Sie trainierten Tauben, zwischen Bildern zu unterscheiden, auf denen Menschen zu sehen waren, und Bildern, auf denen keine Menschen zu sehen waren. Einer Gruppe von Tauben wurden zunächst Menschenbilder dargeboten, bei denen keine Hände, während bei der anderen Gruppe keine Köpfe zu sehen waren. Die beiden Taubengruppen wurden dann jeweils mit 100 Bildern trainiert, von denen ein Teil Menschen zeigte – bei einer Gruppe ohne Hände, bei der anderen ohne Köpfe –, und ein Teil gar keine Menschen, bis sie gelernt hatten, zwischen den Bildern zuverlässig zu unterscheiden; sie sollten nur bei Bildern mit Menschen picken (Aust & Huber, 2006). Die Forscher benutzten dazu das »Go/No-Go«-Verfahren, das heißt, den Tieren wurde immer nur ein Bild präsentiert – wenn es ein Menschenbild war, mussten sie auf den Bildschirm picken, wenn es ein anderes Bild war, durften sie nicht picken. Pro Tag wurden die Tauben mit 40 der 100 Bilder konfrontiert, die sie unterscheiden mussten. Erst wenn sie an fünf aufeinanderfolgenden Tagen signifikant bessere Ergebnisse erzielten und Zufallstreffer so ausgeschlossen waren, wurde angenommen, dass sie gelernt hatten, was die Wissenschaftler von ihnen wollten. Um aber zu überprüfen, ob die Tauben das Konzept verstanden und nicht einfach die Trainingsbilder auswendig gelernt hatten, wurden die Tauben jeweils mit 40 neuen Testbildern beider Kategorien konfrontiert. Sie wurden dann, um Lernen zu vermeiden, nicht mehr belohnt. Da das Tier so kein Feedback bekam, ob seine Wahl richtig oder falsch war, konnte es die Aufgabe auch nicht auswendig lernen, sondern musste sich immer neu auf sein eigenes Wissen verlassen. (Um aber die Tiere nicht zu frustrieren, wurden immer nur wenige neue Testbilder zwischen den bekannten Trainingsbildern, die nach wie vor belohnt wurden, präsentiert.)

Nachdem die Tiere also die Diskriminierung der verschiedenen Bildkategorien beherrschten, wurde der wirkliche Bild-Objekt-Äquivalenz-Test durchgeführt. Hier wurden die Tauben mit jeweils 80 neuen Bildern aus drei verschiedenen Kategorien konfrontiert, bei denen die Tiere allerdings nicht mehr belohnt wurden:

1. Je nach Taubengruppe neue Bilder von Menschen ohne Hände bzw. ohne Kopf. Dies waren eigentlich wieder eher Kontrollbilder, um nochmals zu testen, ob die Tauben das gelernte Konzept auch auf neue, unbekannte Bilder übertragen konnten.
2. Bilder von den Körperteilen, die zuvor nicht auf den Bildern zu sehen gewesen waren. Die Tauben, die mit Menschenbildern ohne Hände trainiert wurden, bekamen also Bilder nur mit Händen zu sehen, die Tauben, die mit Menschenbildern ohne Köpfe trainiert wurden, wurden nun mit Bildern nur mit Köpfen konfrontiert.
3. Bilder, auf denen keine Menschen, aber kleine Stücke von menschlicher Haut zu sehen waren. An diesen Bildern sollte getestet werden, ob die Tauben vielleicht nur gelernt hatten, die Konzepte »Bilder mit Haut« und »Bilder ohne Haut« zu unterscheiden.

Da vollkommen neue Bilder benutzt wurden, um die Testbilder herzustellen, konnten die Tauben keine spezifischen Informationen aus den ihnen bekannten Trainingsbildern nutzen.

Die Ergebnisse der Studie zeigten, dass Tauben sehr viel mehr auf Bilder picken, die die fehlenden Körperteile (also entweder Hände oder Köpfe) enthielten (Kategorie 2), als auf Bilder mit Hautfetzen (Kategorie 3), aber genauso häufig wie auf die Testbilder mit dem restlichen Körper (Kategorie 1). Diese Ergebnisse lassen demnach vermuten, dass die Tauben die Bilder von Menschen wirklich als Menschen wahrnehmen und wissen, dass Hände bzw. Köpfe ein Teil vom Mensch sind, die somit in dieselbe Kategorie wie die Trainingsbilder gehören. Und dass Menschen Hände und Köpfe haben, erfahren die

Tauben tagtäglich, wenn die Wissenschaftler die Tiere füttern bzw. die Käfige reinigen. Dies war eine der ersten Studien, die wirklich zeigen konnte, dass Tiere eine Bild-Objekt-Äquivalenz haben!

Dies war also nun ein Beispiel von Unterscheidungslernen im Labor, aber wie sieht es denn unter natürlicheren Bedingungen aus – bilden Tiere auch dann Kategorien?

Wie war das noch mit der Verwandtschaft und der gesellschaftlichen Stellung?

Altweltaffen wie Paviane und Makaken leben in großen Gruppen, die sich aus mehreren Männchen und Weibchen zusammensetzen. Die Weibchen in diesen Gruppen sind teilweise miteinander verwandt und bilden den Kern des Sozialsystems. Dabei ist die Verwandtschaft bzw. Familienzugehörigkeit für die Weibchen sehr wichtig. Jede Familie nimmt in der Gruppe eine bestimmte Dominanzposition ein – also eigentlich eine bestimmte gesellschaftliche Stellung (Abbildung II-5, S. 51).

Abb. II-4: Ein Pavianweibchen beim Lausen seiner Schwester.

Die Familie, die die höchste Dominanzposition hat, hat den besten Zugang zu Ressourcen wie zum Beispiel Futter, Sicherheit und Männchen. Die Stellung jeder Familie innerhalb der Gruppe wird normalerweise von den anderen Gruppenmitgliedern akzeptiert – nur hin und wieder wird getestet, ob das Stärkenverhältnis noch stimmt. Dabei ist es zum Beispiel sehr wichtig, wie groß eine Familie ist – je größer, desto stärker, denn bei Konflikten mit anderen Familien halten alle zusammen und verteidigen gemeinsam die Stellung der Familie.

Innerhalb der Familien hat jedoch nicht jedes Weibchen dieselbe Rangposition – auch hier gibt es eine lineare Dominanzhierarchie, normalerweise mit den älteren und stärkeren Weibchen an der Spitze. Die Weibchen investieren sehr viel Zeit und Energie, um die Beziehungen innerhalb der Gruppe und auch mit Weibchen aus anderen Familien, die sozial höhergestellt sind, zu festigen. Sie lausen sich gegenseitig und helfen einander bei Konflikten mit anderen Gruppenmitgliedern, bilden also sogenannte Koalitionen (siehe Kapitel IV) (Abbildung II-4, S.49). Interessant ist die Dominanzfrage nach der Geburt eines neuen Tieres – denn von der Größe und Kraft her können sich junge Tiere ja nicht gegen erwachsene Tiere wehren. Die gesellschaftliche Stellung des Nachwuchses richtet sich aber trotzdem nach der Stellung der Verwandten – sie werden also in ihre Stellung hineingeboren. Und dass diese Stellung von den anderen Gruppenmitgliedern akzeptiert wird, dafür sorgen die Mutter, die Geschwister, Tanten und Cousinen, die sofort angerannt kommen und ihrer jungen Verwandtschaft zur Seite stehen, sobald sie nur schreien. Es ist also – zumindest für die Weibchen – ein System, das ganz stark auf Verwandtschaftsunterstützung basiert. Die Männchen wandern normalerweise als Halbstarke irgendwann in andere Gruppen ab und versuchen dort, durch ihre eigene Kraft oder durch die Bildung von Koalitionen eine hohe Stellung in der neuen Gruppe einzunehmen.

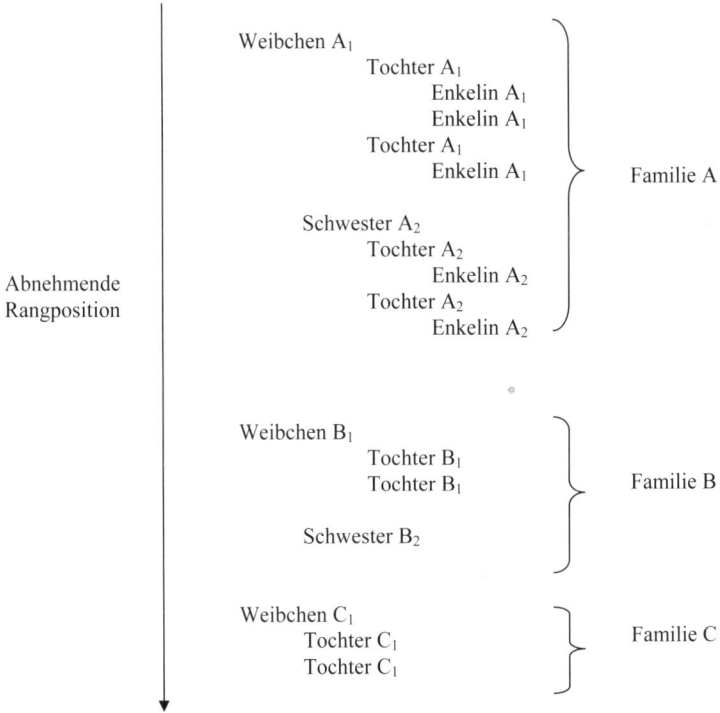

Abbildung II-5: Schematische Darstellung des Familiensystems von Altweltaffen, wie zum Beispiel Pavianen.

Aber zurück zu den Weibchen: Für die Forschung gliedert sich das Sozialsystem also fast wie ein Klassensystem, in dem Familien die einzelnen Klassen bilden. Innerhalb jeder Familie gibt es dann Intrigen und Rangeleien um die beste Stellung und natürlich gibt es solche Rangeleien hin und wieder auch zwischen den einzelnen Familien. Es stellt sich nun die Frage: Sehen nur wir dieses Klassensystem oder erkennen die Affen es auch selbst als solches?

Dorothy Cheney und Robert Seyfarth haben über zehn Jahre lang die geistigen Fähigkeiten von Pavianen im Okavango-Delta in Botswana untersucht. Sie sind dort vor allem einer Gruppe von Tieren täglich auf Schritt und Tritt gefolgt und kannten sämtliche Beziehungen – verwandtschaftliche Verhältnisse und Freundschaften – ebenso wie auch die Dominanzbeziehungen aller Tiere. Diese Untersuchungen stellen eine ganz beachtliche Leistung dar, im Besonderen, wenn man die Arbeitsbedingungen im Okavango-Delta betrachtet: Das Delta besteht hauptsächlich aus Savanne und viel Wasser – vor allem in der Regenzeit (Abbildung II-6). Da kommt es dann schon einmal vor, dass das Delta eigentlich aussieht wie eine kleine Insellandschaft – nur Erhebungen ragen noch aus dem Wasser heraus. Eine tolle Landschaft, aber weder für die Affen noch für die Forscher ganz ungefährlich, denn in dem Wasser gibt es auch viele Krokodile und Nilpferde. Aber die Forscher ließen sich davon nicht abhalten und untersuchten zusammen mit ihren beiden Postdocs Thore J. Bergman und Jacinta C. Beehner, ob die Pavianweibchen etwas über ihr Klassensystem wissen (Bergman et al., 2003).

Abbildung II-6: Ein Pavian im Okavango-Delta, der auf den Hinterfüßen durch Wasser geht.

Wenn Paviane einen Konflikt austragen, dann gibt das höherrangige Tier oft einen Drohruf von sich, während das angegriffene Tier schreit. Viele Analysen und Studien haben gezeigt, dass diese Rufe individuell unterscheidbar sind und dass auch Affen ihre Gruppenmitglieder an diesen Rufen unterscheiden können. Diese Rufsequenzen nutzten die Forscher für sogenannte Playback-Experimente.

Bei den Forschungen in Botswana wurden Rufe von verschiedenen Tieren aufgenommen und dann mit dem Computer so zusammengeschnitten, dass sich unterschiedliche Rufsequenzen ergaben. Mit Lautsprechern wurden diese dann einem bestimmten Tier vorgespielt. Jedes Tier bekam drei verschiedene Sequenzen an drei verschiedenen Tagen zu hören:

1. Eine Sequenz simuliert, dass es innerhalb einer Familie zu einem Wechsel in einer Rangposition gekommen ist, z. B. dass »Tante Emma« nun nicht mehr höher im Rang steht als ihre »Schwester Mathilde«, sondern dass Letztere nun die höhere Dominanzposition innerhalb der Familie und somit auch innerhalb der Gruppe eingenommen hat. Dazu wurde eine Sequenz vorgespielt, in der Mathilde einen Drohruf gibt und Tante Emma schreit.

2. Eine andere Sequenz simuliert, dass es zu einem Rangwechsel zwischen zwei Familien gekommen ist. Dabei schreit ein Tier von Familie A, während ein Tier von Familie B einen Drohruf gibt.

3. Zur Kontrolle wurden den Tieren Sequenzen vorgespielt, die im Einklang mit der ursprünglichen Dominanzhierarchie stehen. Diese Kontrollsequenzen stammten entweder von Tieren derselben Familie, bei der das höherrangige Tier einen Drohruf gibt und das niederrangige Tier schreit, oder auch von Tieren aus zwei verschiedenen Familien, wobei ein Tier aus der Familie A den Drohruf gibt und eines aus der Familie B den Schrei.

Frühere Experimente hatten gezeigt, dass Pavianweibchen stärker reagieren – also länger in Richtung des versteckten Lautsprechers schauen –, wenn sie Sequenzen hören, die der derzeitigen Dominanzhierarchie widersprechen. Bei den oben geschilderten Versuchen bestand die Annahme, dass ein Rangwechsel zwischen Familien sehr viel folgenschwerer sein müsste, da er erheblich größere Konsequenzen für die ganze Gruppenstruktur hat als ein Rangwechsel innerhalb einer Familie. Denn wenn es zu einem Rangwechsel zwischen zwei Familien kommt, müssten plötzlich alle Tiere und nicht nur ein Tier der Familie in der Rangordnung sinken. Hier stellt sich nun die Frage: Realisieren Paviane dieses Familiensystem?

Die Ergebnisse dieser Versuche lassen darauf schließen, dass die Tiere wirklich einen Unterschied zwischen den verschiedenen Rufsequenzen machen. So reagierten die Weibchen sehr viel stärker, wenn sie die Sequenzen hörten, die einen Rangwechsel zwischen zwei Familien symbolisierten, als bei Sequenzen, die nur einen Rangwechsel innerhalb einer Familie simulierten; sie reagierten fast gar nicht, wenn die Rufsequenzen im Einklang mit der derzeitigen Dominanzhierarchie waren.

Diese Ergebnisse sind sehr interessant, zeigen sie doch, dass Affen in der Lage sind, andere Gruppenmitglieder gleichzeitig aufgrund von individuellen Eigenschaften und aufgrund ihrer Gruppen-/Familienzugehörigkeit zu klassifizieren. Die Paviane scheinen zu verstehen, dass sie ihre Dominanzhierarchie in Familiengruppen unterteilen können und dass Beziehungen innerhalb der Familien qualitativ anders als die zwischen Tieren von verschiedenen Familien sind.

Wenn Frauchen nicht immer vorsagen würde! Lernen nach dem Ausschlussprinzip

Lernen nach dem Ausschlussprinzip, also durch Ausschluss von bekannten Alternativen, ist für uns Menschen nichts Außergewöhnliches. Kinder nutzen dieses Prinzip unter anderem beim Erlernen von Sprache. Zum Beispiel sehen wir beim Spazierengehen mit einem kleinen Kind einen Hasen und ein Reh. Einen Hasen hat das Kind schon einmal im Stall beim Opa gesehen, ein Reh aber noch nie. Sagt man nun zu dem Kind: »Oh, schau mal, ein Reh«, so kann das Kind durch das Ausschließen der bekannten Alternative – des Hasen – darauf schließen, dass das andere Tier ein Reh sein muss. Von nun an wird es wissen, was wir meinen, wenn wir »Reh« sagen. Das Kind hat also mithilfe des Ausschlussprinzips nicht nur das richtige Tier gewählt, sondern auch etwas gelernt – es hat das Wort »Reh« einem braunen vierbeinigen Lebewesen zugeordnet.

Menschen können also nach dem Ausschlussprinzip wählen und lernen – können Tiere das auch? Studien, die Lernmechanismen bei Tieren im Labor erforschen, untersuchen meistens zuerst, ob ein Tier überhaupt nach dem Ausschlussprinzip wählt. Ein Beispiel: Einem Tier wird beigebracht, dass alle gelben Gegenstände eine negative Bedeutung haben. Danach wird es vor die Wahl zwischen einem roten und einem gelben Gegenstand gestellt. Da das Tier noch nie einen roten Gegenstand gesehen hat, hat es weder eine negative noch eine positive Assoziation zu diesem Gegenstand, mit anderen Worten, der rote Gegenstand gehört für das Tier in keine ihm bekannte Kategorie oder Klasse. Wenn die Wahl des Tieres nun auf den roten Gegenstand fällt, gibt es dafür mehrere Erklärungsmöglichkeiten, z. B.:

o   Neue Dinge sind für Tiere viel interessanter als bekannte, sie könnten daher den roten, undefinierten Gegenstand wählen, weil er neu ist.

o   Oder sie vermeiden den bekannten gelben Gegenstand, der für sie eine negative Bedeutung hat. Ihrer Wahl liegt also eine Vermeidungsstrategic zugrunde. Dabei lernen sie aber nichts über den unbekannten roten Gegenstand.

o   Oder Tiere lernen nach dem Ausschlussprinzip: Weil eine Zuordnung zu der bekannten, gelben Kategorie ausgeschlossen ist, schließen sie auf die Klassenzugehörigkeit des neuen, roten Gegenstandes – dieser wird der positiven Kategorie zugeordnet.

Studien, in denen Lernen nach dem Ausschlussprinzip bei Tieren untersucht wurde, erzielen sehr unterschiedliche Ergebnisse. So scheinen Seelöwen und Delphine in der Lage zu sein, nach dem Ausschlussprinzip zu lernen, bei Schimpansen zeigen einige Versuche ebenfalls diese Fähigkeit, andere jedoch nicht. Der eindeutigste Beweis, dass zumindest einige Tiere nach dem Ausschlussprinzip lernen können, zeigt eine Studie mit dem Hund Rico (Kaminski et al., 2004). Rico war ein Border Collie, der 150 Objekte namentlich kannte und auf Aufforderung bringen konnte. Schickte man Rico zum Beispiel ins Wohnzimmer, um den Teddybären zu holen, brachte er diesen, obwohl dort auch viele andere seiner Spielsachen herumlagen. In einem Experiment hatten Forscher dann ein neues, für Rico unbekanntes Spielzeug – eine Quietschente – zu den anderen Spielsachen ins Wohnzimmer gelegt. Wurde Rico dann aufgefordert, die »Ente« zu holen (ein Wort, das er nicht kannte), suchte er im Wohnzimmer so lange, bis er das unbekannte Objekt gefunden hatte. Dann brachte er es dem Besitzer. Er hatte also nach dem Ausschlussprinzip jenes Objekt gewählt, das bisher für ihn keine Wortassoziation hatte und das daher die »Ente« sein musste. Interessanterweise wusste Rico von nun an, wie eine Ente aussah, und brachte daraufhin immer die Ente, wenn er dazu aufgefordert wurde. Er hatte also nicht nur nach dem Ausschlussprinzip gewählt, sondern auch gelernt.

Es stellt sich nun die Frage, ob Rico ein Hundegenie war oder ob das Ausschlussprinzip ein normaler Lernmechanismus ist, den auch andere Hunde anwenden können. Rico wurde von seiner Besitzerin über fünf Jahre auf das Bringen von bestimmten Gegenständen trainiert – er hatte also sehr viel Übung mit dieser Aufgabe. Außerdem wurde er immer gelobt, wenn er das neue, unbekannte Objekt auf Aufforderung gebracht hatte. Es ist also möglich, dass diese Bestärkung durch die Besitzerin dazu geführt hat, dass Rico den Namen auch wirklich mit dem neuen Objekt assoziierte. Trotz allem ist dies eine beachtliche Leistung!

Mit Untersuchungen im Clever Dog Lab soll erforscht werden, ob

Hunde diese Aufgabe auch lösen können, ohne jahrelang darauf trainiert zu werden und ohne dass sie zwischendurch in ihrem Verhalten bestärkt werden (Aust et al., 2008). Es stellt sich also die Frage, ob das Ausschlussprinzip auf gelerntem Verhalten beruht oder auf einer angeborenen Lernstrategie. Außerdem sollte erforscht werden, wie sich Kinder (im Alter von sieben bis neun Jahren), Studenten, Hunde und Tauben verhalten, wenn sie unter vergleichbaren Bedingungen getestet werden. Um diese Fragen zu untersuchen, wurde eine Computeraufgabe entwickelt, die es erlaubt, sowohl Tiere als auch Menschen vergleichbar zu testen (Aust et al., 2008).

Vor den entscheidenden Versuchen wurde ungefähr ein halbes Jahr mit den Hunden an einem berührungsempfindlichen Bildschirm (Touchscreen) gearbeitet. Das klingt komplizierter, als es eigentlich ist: Durch Training wurde den Hunden beigebracht, mit der Nase ein Bild auf dem Touchscreen anzustupsen (Abbildung II-7, Farbbildteil S. 71). Wenn sie dieses getroffen hatten, erhielten sie eine kleine Belohnung. Diese kam dabei nicht vom Experimentator, sondern von einer Futtermaschine, die hinter dem Bildschirm versteckt war und direkt vom Computer gesteuert wurde. Viele Leser werden sich fragen, warum man das so kompliziert machen muss. Ein großes Problem für die Wissenschaftler ist, dass Hunde sehr gut die Verhaltensweisen ihrer Besitzer und bedingt auch die von anderen Menschen lesen und erkennen können. Das kommt vor allem daher, dass Hunde in der Welt von uns Menschen leben und sich zurechtfinden müssen. Und je besser sie jegliche, auch unbewusst von uns gegebene Zeichen wahrnehmen können, umso besser werden sie sich in dieser Welt orientieren können. So gibt es inzwischen viele Studien, die gezeigt haben, dass Hunde zum Beispiel sehr gut darin sind Zeigegesten zu verstehen (Szetei et al., 2003; Miklosi et al., 1998; Erdöhegyi et al., 2007) oder auch die Aufmerksamkeit ihres Besitzers zu beurteilen (»Passt Herrchen gerade auf, ob ich an die Wurst gehe, oder liest er Zeitung?«) (Schwab & Huber, 2006).

Die Wissenschaftler müssen daher immer sehr aufpassen, dass wirklich der Hund und nicht der Besitzer getestet wird. Denn oft reicht es, wenn der Besitzer vor Spannung den Atem anhält und so dem Hund unbewusst signalisiert, dass dessen Wahl falsch sein könnte. Der Aufbau mit dem Touchscreen schließt dieses Problem aus, da der Besitzer und der Wissenschaftler, obwohl sie im Raum sind, nicht sehen können, was der Hund sieht, und ihn so nicht beeinflussen können. Denn beeinflussen lassen sich Hunde sehr leicht: Eine Studie hat zum Beispiel gezeigt, dass ein Hund, wenn der Besitzer auf eines von zwei Verstecken zeigt, zu ebendiesem geht – selbst wenn der Fleischgeruch aus dem anderen Versteck kommt (Szetei et al., 2003).

Lustigerweise hat sich im Clever Dog Lab auch noch herausgestellt, dass den Hunden die Arbeit am Bildschirm sehr viel Spaß macht – die Hunde kommen eigentlich nur ins Hundelabor, um am Computer zu arbeiten. Natürlich gibt es auch immer eine Belohnung dafür, aber wir glauben nicht, dass das der einzige Grund ist, warum die Tiere gerne mitmachen. Es scheint ihnen auch oft darum zu gehen, das jeweilige Problem zu lösen. Sie strengen sich meist sehr an, und einige Besitzer erzählen mir nachher manchmal, dass ihre Hunde »wieder den ganzen Tag nach der Anstrengung geschlafen haben«.

Für die im Folgenden beschriebenen Untersuchungen zum »Lernen nach dem Ausschlussprinzip« wurden die Menschen und die Versuchstiere vorab darauf trainiert, jeweils vier willkürlich als positiv und vier willkürlich als negativ bewertete Bilder von Alltagsobjekten am Bildschirm zu unterscheiden (Abbildung II-8) (Aust et al., 2008). Dazu wurden immer ein positives und ein negatives Bild gleichzeitig am Bildschirm präsentiert. Wurde das positive Bild gewählt – entweder mit der Maus (Kinder/Studenten), mit der Nase (Hund) oder mit dem Schnabel (Taube) –, erklang ein hoher Ton und bei den Tieren gab es zusätzlich eine Futterbelohnung. Hatten die Probanden allerdings das falsche, negative Bild gewählt, erklang ein tiefer Ton und es gab eine Auszeit (roter Bildschirm für drei Sekunden), bevor dieselbe Aufgabe ein zweites Mal gestellt wurde. Die Probanden lernten so, die vier positiven von den vier negativen Bilder zu unterscheiden.

Positive Bilder

Negative Bilder

Abbildung II-8: Bilder von Objekten, die Tiere und Menschen am Computer unterscheiden mussten (Aust et al., 2008).

Bei diesen Untersuchungen wurden in einem Versuchsdurchgang immer 32 Aufgaben gestellt (pro Aufgabe waren je zwei Bilder zu unterscheiden). Hatten die Probanden in fünf von sieben Versuchsdurchgängen in mindestens 85 Prozent der 32 Aufgaben richtig geurteilt, also das positive Bild gewählt, hatten sie das Lernkriterium für die weiteren Tests erreicht. Die Kinder, Studenten und Tauben hatten diese erste einfache Aufgabe in fünf bis sieben Versuchsdurchgängen sehr schnell bewältigt, während die Hunde dagegen zum größten Teil sehr viel länger brauchten (neun bis 65 Versuchsdurchgänge) (Abbildung II-9, S. 60).

Woran das gelegen hat, kann noch nicht sicher erklärt werden. Bekannt ist, dass die visuelle Wahrnehmung bei Menschen und Tauben sehr viel besser und genauer ist als bei Hunden. Der Unterschied in Bezug auf die Anzahl der Versuchsdurchgänge muss also nichts mit den kognitiven Fähigkeiten von Hunden zu tun haben. Interessant ist allerdings die große Variationsbreite innerhalb der Hundegruppe: Zwei Hündinnen hatten weniger als 15, zwei Rüden dagegen mehr als 60 Versuchsdurchgänge für diese Aufgabe gebraucht. Individuelle Unterschiede bei der Aufmerksamkeit oder Konzentration können hierfür der Grund sein.

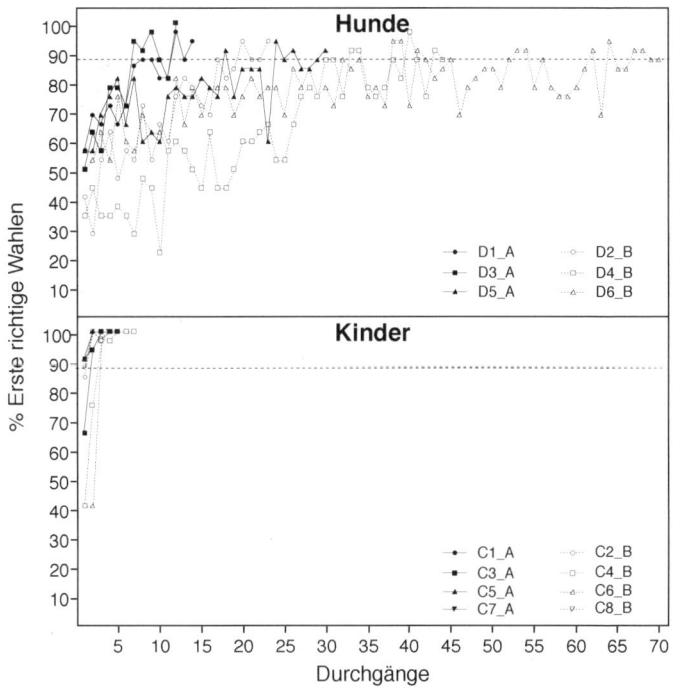

*Abbildung II-9: Die Lernkurven der Trainingsphase für die Hunde und
Kinder (Aust et al., 2008). D = Dog (Hund), C = Child (Kind).
A und B kennzeichnen, in welcher Gruppe die Individuen waren (für
die Hälfte der Probanden waren die Tasse, die Uhr, der Aktenkoffer
und die Milchschüsseln positiv, für die andere Hälfte der
Probanden die anderen vier Objekte).*

Nachdem die Probanden das Lernkriterium erreicht hatten, begannen
die eigentlichen Versuche, wiederum mit der Präsentation von abge-
bildeten Gegenständen am Bildschirm. Bei Test 1 wurden zwischen
den Trainingsaufgaben – verschiedenen Kombinationen der positiven
und negativen Bilder – pro Versuchsdurchlauf vier Testaufgaben ein-
gestreut, bei denen jeweils eines der vier bekannten negativen Bilder
mit einem von vier ganz neuen Bildern kombiniert wurde. Diese Test-

aufgaben wurden weder belohnt noch bestraft – nach der Wahl eines Bildes verschwand die Aufgabe vom Bildschirm und eine der bekannten Trainingsaufgaben wurde gezeigt, die dann wieder belohnt bzw. bestraft wurde. Es ging also in diesem Test nicht um die Frage, ob die Menschen oder Tiere durch Feedback lernen können, sondern es sollte erforscht werden, welche Lernmechanismen angewandt wurden. In diesem ersten Test hatten alle acht Kinder, fünf der sechs Studenten, eine von sechs Tauben und drei der sechs Hunde die neuen Bilder in mehr als 70 Prozent der gezeigten Testaufgaben als positive Bilder ausgewählt. Obwohl sie die neuen, unbekannten Bilder bevorzugt hatten, kann noch nicht eindeutig gesagt werden, ob sie diese wirklich nach dem Ausschlussprinzip, wegen ihrer Neuheit oder durch das Vermeiden des negativen Bildes gewählt hatten.

In einem zweiten Test wurde diese Frage genauer untersucht. Die Probanden wurden mit den neuen Bildern von Test 1 und ganz neuen Bildern konfrontiert. Die Logik dahinter ist Folgende:

Wenn die Menschen bzw. die Tiere im Test 1 nach dem *Ausschlussprinzip* gelernt haben, sollten sie wissen, dass die neuen Bilder in die positive Kategorie gehören. Wenn also diese neuen, positiven Bilder mit wiederum ganz neuen Bildern von Objekten präsentiert werden, müssten die ganz neuen Bilder der negativen Kategorie zugeordnet werden. Somit müssten im Test 2 die Probanden weiterhin die Bilder aus Test 1 als positives Bild wählen und nicht die ganz neuen Bilder.

Wenn die Menschen und Tiere allerdings im Test 1 nach *Neuheit* gewählt haben und nun im Test 2 mit noch neueren Bildern von Objekten konfrontiert werden, sollten sie eigentlich die ganz neuen Bilder als positives Objekt wählen.

Wenn sie in Test 1 nach der *Vermeidungsstrategie* vorgegangen sind, also nur die negativen Bilder gemieden haben und nichts über die unbekannten Bilder gelernt haben, werden sie in Test 2 die unbekannten Bilder, die neuen von Test 1 und die ganz neuen von Test 2, in ungefähr 50 Prozent aller Darbietungen als positiv und etwa 50 Prozent als negativ sehen.

Bei der Durchführung von Test 2 wurde nur mit den Probanden gearbeitet, die schon in Test 1 zu über 70 Prozent die unbekannten Bilder gewählt haben. Die Testaufgaben wurden wiederum nicht belohnt. Die Ergebnisse dieses zweiten Tests zeigten, dass die zwei jüngsten Kinder und die Tauben nach Neuheit gewählt hatten – sie bevorzugten die ganz neuen Bilder. Die fünf Studenten, sechs der acht Kinder und drei Hunde haben dagegen die vier unbekannten Bilder aus dem Test 1 gegenüber den vier ganz neuen Bildern aus Test 2 bevorzugt. Das zeigt, dass diese Probanden nach dem Ausschlussprinzip gelernt hatten.

Mit dieser Studie im Clever Dog Lab konnte also gezeigt werden, dass Rico zwar ein besonderer Hund war, dass aber der grundlegende Lernmechanismus generell bei Hunden vorhanden ist – und zwar ohne langes Training und ohne dass die Tiere zwischendurch für ihr Wahlverhalten bestätigt werden müssen. Die Studie hat weiterhin gezeigt, dass sich Tauben von Menschen und Hunden in dieser Hinsicht unterscheiden – sie scheinen zumindest bei diesen Versuchen nicht nach dem Ausschlussprinzip gewählt zu haben. Die Tatsache, dass die zwei jüngsten Kinder (mit sieben Jahren) anscheinend nach dem Prinzip der Neuheit gewählt hatten, kann mit dem Alter und damit zusammenhängen, dass dieser Test eine ganz abstrakte Aufgabe darstellte, denn eigentlich können Kinder schon viel früher nach dem Ausschlussprinzip wählen. Warum allerdings die Hälfte der Hunde nicht nach dem Ausschlussprinzip gewählt hat, können wir noch nicht schlüssig erklären. Eine Vermutung ist, dass sie sehr schnell gelernt haben, dass sie weder belohnt noch bestraft wurden, wenn ein neues Objekt, ein neues Bild erschien, und dass ihnen deswegen die Wahl einfach egal war. Ob man mit dieser Vermutung aber richtig liegt oder nicht, muss noch herausgefunden werden.

Zusammenfassung

Dieses Kapitel hat gezeigt, dass Tiere nicht nur eine Reihe von unterschiedlichen Lernstrategien anwenden, sondern zum Teil recht komplizierte Probleme lösen können. So verstehen Tauben, dass Menschen durchaus Köpfe und Hände haben und dass Bilder auf dem Bildschirm etwas mit der Wirklichkeit zu tun haben. Aber Tiere zeigen solche Fähigkeiten nicht nur im Labor; zum Beispiel kategorisieren Paviane ihre Gruppenmitglieder auf der Basis von Familienzugehörigkeit. Und auch Hunde können in normalen Alltagssituationen, in denen es darum geht, bestimmte Gegenstände zu holen, nach dem Ausschlussprinzip lernen.

Wenn es allerdings darum geht, herauszufinden, ob Tiere durch Einsicht lernen, haben Wissenschaftler oft ein großes Problem: die Vorerfahrung der Tiere – also ob diese das Problem tatsächlich das erste Mal in ihrem Leben lösen oder schon in der Vergangenheit mit diesem oder einem ähnlichen Problem konfrontiert wurden. Auf der anderen Seite kann man nicht wirklich von einem Lebewesen verlangen, eine komplett neue Aufgabe mit neuen Materialien ohne jegliche Erfahrung zu lösen. Wir werden vor allem in Kapitel VI mehr darüber erfahren, wie schwierig es ist herauszubekommen, ob Tiere wirklich die physikalischen Kräfte ihrer Umwelt verstehen und auf diesen basierend Lösungen finden oder ob sie doch viele Probleme einfach durch assoziatives Lernen lösen.

Abbildung I-1: Aragorn im Alter von sechs Monaten.

Abbildung I-4: Die blinde Taya beim Spaziergang im Wasser – ob mit Menschen oder mit Aragorn, Spaß hat sie immer! Wenn man nicht weiß, dass sie blind ist, würde man es oft nicht bemerken.

Abbildung I-6: Krallenaffen bei einem sozialen Lernversuch im Labor. Das Modell zeigt vor, wie das Problem gelöst wird, während das zweite Tier aufmerksam beobachtet, wie es gemacht wird.

Abbildung II-1: Das Edelpapagei-Männchen Woody beim Hochziehen eines Seiles, an dem ein Stück Futter hängt.

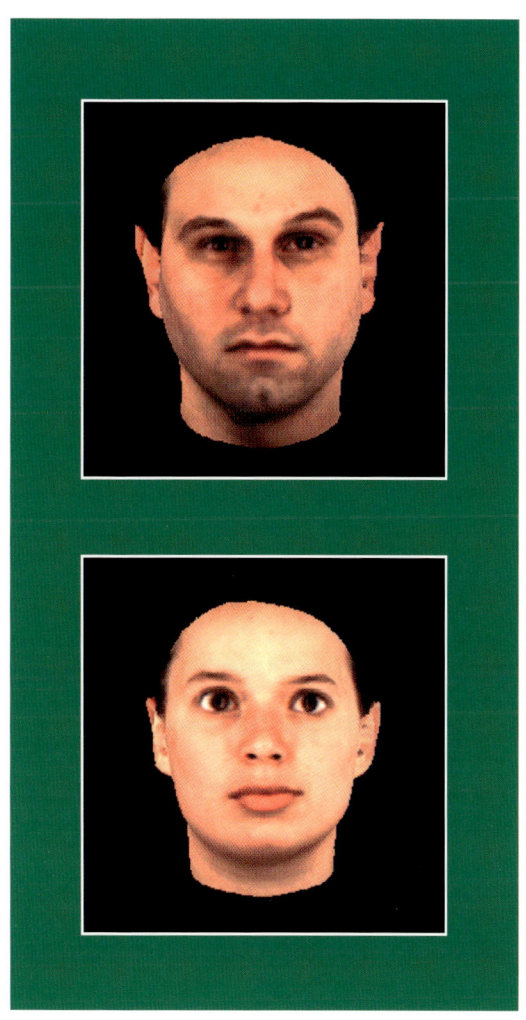

Abbildung II-2: Beispiele der Gesichter, die von Prof. Ludwig Huber und seinen Kollegen (2000) benutzt wurden. Oben: männliches Gesicht; unten: weibliches Gesicht.

Abbildung II-3: Eine Taube, die am Bildschirm arbeitet.

Abbildung II-7: Guinness, eine Border-Collie-Hündin, arbeitet im Clever Dog Lab am Touchscreen.

Abbildung III-1: Rauchgraue Mangaben, die sich gegenseitig beobachten.

III

Soziales Lernen: Wie Tiere voneinander lernen und was das mit Kultur zu tun haben könnte

In diesem Kapitel wird es darum gehen, wie Tiere durch gegenseitiges Beobachten voneinander lernen. Im ersten Teil werden einige der verschiedenen Mechanismen des sozialen Lernens (objekt- bzw. ortspezifisches Lernen, Imitation und die sogenannte Emulation) und der Zusammenhang von sozialem Lernen mit Tradition und Kultur behandelt. Beim Menschen übernimmt für das Voneinanderlernen oft eine Person die Position des Lehrers - gibt es etwas Vergleichbares auch im Tierreich? In den folgenden Beispielen sehen wir erstens, wie Ratten lernen, ob sie etwas fressen dürfen oder nicht, zweitens, wie Hunde voneinander lernen und worauf sie dabei achten, und als Drittes untersuchen wir die soziale Konformität, eine wichtige Grundlage von Kultur - zumindest beim Menschen.

Soziales Lernen bedeutet, dass ein Individuum durch Zuschauen von einem anderen lernt, wie eine bestimmte Aktion durchgeführt wird. Soziales Lernen wird dem individuellen Lernen gegenübergestellt, bei dem ein Individuum die Lösung eines Problems alleine findet.

Generell wird angenommen, dass soziales Lernen von großem Vorteil ist, da es oft mit einem geringeren Risiko als individuelles Lernen verbunden ist. Wenn zum Beispiel ein Affe eine neue potenzielle Futterquelle entdeckt, besteht ein gewisses Risiko, dass dieses Futter unbekömmlich oder sogar giftig ist. Wenn der Affe aber zuvor einen Artgenossen beobachtet hat, der von dem neuen Futter gefressen hat, ohne krank zu werden, kann er selber auch ohne Bedenken zulangen. Vor allem für junge Tiere, die selber noch nicht viel Erfahrung haben, ist soziales Lernen daher eine gute Möglichkeit, viel über ihre Umwelt zu erfahren, ohne sich unnötig zu gefährden (Voelkl et al., 2006). So wurde zum Beispiel im Labor der Universität Wien und im Freiland festgestellt, dass Krallenäffchen (eine Affenart, die in Südamerika zu Hause ist) im Alter von drei bis vier Monaten Artgenossen gegenüber besonders aufmerksam sind und genau zuschauen, was diese machen (Schiel & Huber, 2006; Dell'mour et al., in press) (Abbildung III-1, Farbbildteil S. 72). Das ist die Zeit, in der die Tiere langsam von der

Mutter entwöhnt werden und lernen müssen, auf eigenen Beinen zu stehen. Es gibt viele weitere Untersuchungen, die gezeigt haben, dass soziales Lernen vor allem in Bezug auf die Erschließung von Nahrungsquellen bei vielen Tierarten eine große Rolle spielt (z. B. bei Ratten, Affen und Vögeln).

Aber alles nachzumachen, was vorgemacht wird, ist sicher auch nicht die beste Lösung. Tiere sollten also auch selektiv handeln, wenn sie etwas beobachten, und nur nachmachen, was auch wirklich Sinn macht. Und damit wird das soziale Lernen geistig schon etwas anspruchsvoller. Bei einigen Faktoren können einfache Regeln die Entscheidung erleichtern, ob etwas kopiert werden soll oder nicht. Zum Beispiel könnte ein Tier nach der Regel handeln, immer nur das nachzumachen, was ein älteres, erfahrenes Tier vormacht. Schwieriger wird es, wenn es von der Situation abhängt, ob etwas nachzumachen ist oder nicht. Hier helfen nämlich einfache Regeln oft nicht mehr, sondern das Tier muss verschiedene Aspekte der Situation in Betracht ziehen, bevor es entscheidet, wie es sich verhalten soll.

Die verschiedenen Mechanismen des sozialen Lernens

Im Bereich des sozialen Lernens können verschiedene Mechanismen unterschieden werden, die kognitiv mehr oder weniger anspruchsvoll sind:

◆ **Objekt- bzw. ortspezifische Verstärkung (»local enhancement«)** Die Form des sozialen Lernens, die geistig relativ einfach zu sein scheint, ist das »objekt- bzw. ortspezifische Lernen«. Bei dieser Art des Lernens wird ein Tier durch das Verhalten eines anderen auf ein bestimmtes Objekt oder einen bestimmten Ort aufmerksam gemacht. Hundebesitzer können diese Art des sozialen Lernens bei ihren Vierbeinern beobachten: Schnuppert oder gräbt ein Hund an einer bestimmten Stelle, dauert es oft nicht lange, bis der nächste Hund da ist und dieselbe Stelle untersucht. Das Tier lernt dabei allerdings vom anderen nichts über ein bestimmtes Verhalten, sondern wird lediglich auf einen bestimmten Ort bzw. ein Objekt aufmerksam gemacht. Es kann aber durchaus sein, dass das Tier durch solch einfaches soziales Lernen auch die Lösung von komplizierten Problemen findet. Nehmen wir an, die Hündin Guinness wurde trainiert, an einem Seil zu ziehen, um eine Schublade zu öffnen und sich daraus ein Leckerli zu holen. Wenn nun ein Hund zu Besuch kommt und beobachtet, wie Guinness sich zwischendurch ein Leckerli aus der Schublade holt, kann es sein, dass auch er zu dem Seil geht und damit herumspielt. Er hat durch das Beobachten gelernt, dass er, wenn er etwas mit dem Seil macht, irgendwann ein Stück Futter bekommt. Da viele Hundebesitzer mit ihren Hunden Zerrspiele durchführen, ist es recht wahrscheinlich, dass der Hund irgendwann einmal an dem Seil zieht und so durch Versuch und Irrtum die Lösung des Problems findet. Schneller würde der Hund allerdings sicher zum Leckerli kommen, wenn er genau die vorgezeigte Handlung nachmachen würde – also das Seil ins Maul nehmen und ziehen.

◆ **Nachahmung bzw. Imitation**
Wenn Tiere in der Lage sind, durch Zuschauen genau zu lernen, wie eine Handlung durchgeführt werden muss, spricht man von Nachahmung oder Imitation. Dabei geht es wirklich darum, dass das Tier etwas über das Verhalten bzw. die Bewegung des anderen Tieres lernt und nicht über die physikalische Bewegung eines Objektes. Das obige Beispiel deutet schon auf ein größeres Problem bei der Untersuchung der verschiedenen Mechanismen des sozialen Lernens hin: Woher weiß man, dass der Hund nichts über die Handlung selbst gelernt hat, sondern lediglich, dass das Seil interessant ist? Es ist also unbedingt notwendig, sehr kontrollierte Versuche zu machen, um herauszufinden, was Tiere eigentlich genau von der Demonstration eines Artgenossen lernen.

Eine Möglichkeit, um herauszufinden, ob und was Tiere nachahmen können, ist das »Do as I do«-Paradigma. Hier wird ein Tier trainiert, auf den Befehl »Do it« immer die letzte Handlung zu wiederholen, die ihm vorgemacht wurde (Abbildung III-2, Farbbildteil

S. 137). Zuerst werden die Tiere dabei mit einer Reihe ihnen bekannter Handlungen trainiert. Wenn sie begriffen haben, was die Aufgabe ist, kann man sie dann mit immer schwierigeren Handlungen konfrontieren und herausfinden, was sie nachmachen können und was nicht. Diese Studien sind bis heute mit Schimpansen, Delfinen und Hunden durchgeführt worden. Es gibt noch viele offene Fragen, aber generell kann gesagt werden, dass diese drei Tierarten den Befehl lernen und auch bis zu einem gewissen Grad bestimmte Handlungen nachahmen können. Hauptsächlich handelt sich es hier allerdings um Handlungen, die erstens schon Teil des normalen Verhaltensrepertoires des Tieres sind (z. B. ahmt ein Hund nicht nach, sich auf die Hinterbeine zu setzen und dann die Vorderbeine zusammenzuschlagen, obwohl das prinzipiell möglich wäre), und zweitens tun sich die Tiere leichter, wenn sie im Gegensatz zu körperorientierten Handlungen (z. B. sich um die eigene Achse zu drehen oder zu kriechen) objektbezogene Handlungen nachahmen sollen (z. B. einen Ball in einen Eimer bringen, über eine Hürde springen). Das »Do as I do«-Paradigma ist also ein wirklich gutes Hilfsmittel, um die genauen Grenzen herauszufinden, was Tiere überhaupt nachahmen können und was nicht.

Dieses »Do as I do«-Paradigma gibt Auskunft über die prinzipiellen Möglichkeiten der Nachahmung, aber ob und in welchen Situationen Tiere unter natürlichen Bedingungen voneinander lernen, kann es nicht beantworten. Dazu braucht es andere Studien. Normalerweise wird in solchen Studien ein Tier trainiert, eine bestimmte Handlung durchzuführen, um an ein Stück Futter zu kommen. Ein Artgenosse darf dann ein paar Mal zuschauen, wie das Modelltier das Problem löst, bevor er selber die Gelegenheit bekommt zu versuchen, an das Futter zu gelangen. Es wird dann genau beobachtet, wie sich das Versuchstier verhält, was es zuerst macht (also z. B. ob es genau dieselbe Handlung wiederholt, die ihm vorgemacht wurde) und wie lange es braucht, um das Problem zu lösen. Das Verhalten von Tieren, die ein Modell gesehen haben, wird dann verglichen mit Tieren, die kein Modell gesehen haben, die also das Problem alleine lösen mussten. Der Vergleich zeigt dann, ob und was die Tiere wirklich vom Modell gelernt haben.

◆ Emulation

Eine weitere Form des sozialen Lernens ist die sogenannte Emulation. Hier lernt das Tier von einem Artgenossen durch Beobachten, wie etwas funktioniert (z. B. wie eine Box geöffnet wird). Dabei lernt das beobachtende Tier aber nicht, dass es zum Beispiel mit der Pfote den Hebel nach links drehen muss, sondern es lernt, dass der Hebel sich nach links drehen muss. Ein kleiner, aber wichtiger Unterschied.

Horner und Whiten (2005) haben in einem interessanten Versuch gezeigt, dass kleine Kinder eher dazu tendieren, zu imitieren, während Schimpansen eher dazu neigen, zu emulieren. Bei diesem Versuch wurden Kinder und Schimpansen mit zwei viereckigen Boxen konfrontiert (Abbildung III-3). Prinzipiell waren die beiden Boxen genau gleich: Oben im Deckel war ein Loch, das mit einem Riegel verschlossen war. Wurde der Riegel entfernt, konnte ein Stab in das Loch eingeführt werden. In der Mitte der Box war ein Zwischendeckel installiert, sodass der Stab nur bis zur Hälfte der Box eingeführt werden konnte und keinerlei Effekt auf Dinge darunter hatte. An der unteren Vorderseite der Box war ein zweites Loch angebracht, das durch eine kleine Schiebetür verdeckt war. Wurde diese zur Seite geschoben, konnte der Stab eingeführt werden und mit ihm eine Belohnung aus dem Loch gefischt werden. Die erste Box war durchsichtig, sodass genau gesehen werden konnte, was drinnen passierte, wenn der Stab in das obere oder in das vordere Loch eingeführt wurde. Die zweite Box war dagegen blickdicht.

Den Kindern und Schimpansen wurde dann jeweils die genau gleiche Handlung entweder mit der blickdichten oder der durchsichtigen Box vorgeführt: Das Modell (als Vorführer) öffnete erst den oberen Verschluss und stocherte mit dem Stab im Loch herum. Dann öffnete es das vordere Loch und fischte mit dem Stab die Belohnung heraus. Bei der ersten Versuchsreihe war die Box blickdicht, es konnte also nicht erkannt werden, *warum* ein Effekt erreicht wurde oder eben nicht. Interessanterweise kopierten die Schimpansen die zuerst durchgeführte Handlung des Modells – das Herumstochern in dem

78

Abb. a

Abb. b

Riegel, der oberes Loch verschließt.

Barriere in der Mitte

Relevanter Verschluss an der Vorderseite

Abb. c

Abb. d

Abbildung III-3: Experimenteller Versuchsaufbau bei Horner und Whiten (2005). Eine Box war durchsichtig (a, c), sodass der Beobachter genau sehen konnte, was passierte, wenn der Stab in das obere oder das vordere Loch eingeführt wurde. Die andere Box dagegen war blickdicht (b, d). Nach der Demonstration des Wissenschaftlers manipuliert der fünf Jahre alte Schimpanse Mugenzi die durchsichtige Box sofort an der effektiven Stelle (c), während das drei Jahre alte Weibchen Yoyo die blickdichte Box zuerst oben, an der nicht effektiven Stelle manipuliert (d) und erst dann an der effektiven Stelle.
Die Tiere sind Opfer des Bushmeat-Handels und befinden sich auf der Auffangstation »Ngamba Island Chimpanzee Sanctuary« in Uganda (www.ngambaisland.org).

oberen Loch –, bei dem kein Effekt erreicht wurde. War die Box hingegen durchsichtig, machten sie nur die zweite, die für sie effektive Handlung nach. Die Schimpansen haben also durch Beobachtung des Vorganges in der Box erkannt, welche Handlung effektiv war. Sie hielten sich bei ihrem Verhalten somit an die erkennbaren Veränderungen der Situation und nicht nur an die genaue Nachahmung der vorgemachten Handlungen.

Dagegen machten vier Jahre alte Kinder alle ihnen vorgeführten Handlungen nach, unabhängig davon, ob die Box blickdicht oder durchsichtig war, sie kopierten also auch die ineffektiven Handlungen.

Traditionen und Kultur

Auf den ersten Blick ist das Verhalten der Schimpansen in dieser Situation intelligenter als das der Kinder. Aber hier spielt eventuell noch ein ganz anderer Aspekt eine Rolle. Ein Grund, weshalb Imitation in der Wissenschaft ein so großes Interesse erweckt, ist die Kultur, in der Lebewesen aufwachsen. Kultur entsteht durch die Bewahrung mehrerer Traditionen und wird als sehr wichtige Eigenheit der menschlichen Gesellschaft betrachtet, da sie die Weitergabe von Verhaltensweisen unabhängig von der genetischen Vererbung ermöglicht. Eine Tradition wird dabei als eine eindeutige Verhaltensweise definiert, die mindestens von zwei Tieren einer Gruppe über längere Zeit gezeigt und von anderen Tieren durch Abschauen erlernt wird (Fragaszy & Perry, 2003). Die Tatsache, dass die Kinder in der Studie von Horner und Whiten in jeder Situation die Handlung des Modells (eines Erwachsenen) nachgeahmt haben, kann ihren Ursprung darin haben, dass es in den meisten Situationen für Kinder nützlich ist, genau nachzumachen, was ihnen vorgezeigt wird. Aber bedeutet das dann, dass Tiere keine Traditionen und keine Kultur haben?

Das Verstehen von sozialem Lernen und sozialen Traditionen (als ein Ergebnis sozialen Lernens) bei Tieren ist heute ein wichtiges Forschungsgebiet, weil dieses Verstehen viel über die Entwicklung und die Ursprünge der menschlichen Kultur aussagen kann. In einer Zusammenstellung listeten Andrew Whiten und seine Koautoren (Whiten et al., 1999) Verhaltensweisen auf, die sozial erlernt werden und nur in bestimmten Gemeinschaften beobachtet wurden, während sie in anderen fehlten. Sie kamen bei Schimpansen auf mindestens 39 Beispiele für derartiges Verhalten, darunter den Gebrauch von Werkzeugen, Kommunikation und spezifische Verhaltensweisen.

Der erste Beleg dafür, dass Affen Traditionen bilden können, fand sich in den 50er-Jahren in Japan, als man beobachtete, wie sich unter Makaken die Fähigkeit ausbreitete, Kartoffeln zu waschen (Nishida & Hiraiwa-Hasegawa, 1987). Ein junges weibliches Tier begann damit, seine Mutter und andere Tiere folgten. Innerhalb eines Jahrzehnts wuschen alle jüngeren Makaken ihre Kartoffeln. Neuere Untersuchungen haben nun auch Traditionen bei Kapuzineraffen in Costa Rica nachgewiesen. Es wurden gruppen- bzw. cliquenspezifische Verhaltensweisen wie Beschnüffeln der Hände, Saugen an Fingern, Ohren oder Schwanz sowie verschiedene »Spiele« gefunden, von denen einige unabhängig voneinander an unterschiedlichen Orten in identischer Form »erfunden« wurden und andere nach einigen Jahren wieder verschwanden (Perry & Manson, 2003).

Inzwischen gibt es noch mehr Untersuchungen, die zeigen, dass verschiedene Tierarten gewisse populationsspezifische Traditionen haben. Inwieweit diese Traditionen nun vergleichbar sind zur menschlichen Kultur, vor allem wenn mehrere verschiedene Traditionen in einer Population beobachtet werden, kann diskutiert werden. Ein sehr wichtiger Faktor bei diesen Diskussionen sind die ökologischen Bedingungen. Denn wenn die ökologischen Bedingungen zu der Ausbildung eines bestimmten Verhaltens führen, kann man nicht wirklich von Kultur oder Traditionen sprechen, sondern eher von angepassten Verhaltensweisen. Die Verhaltensweisen, die von Whiten und Kollegen bei den Schimpansen als Traditionen bezeichnet wurden, scheinen weitgehend von ökologischen Bedingungen unabhängig zu sein. Ein Problem dabei ist allerdings, dass wir immer nur den jetzigen Zustand sehen – wir wissen also nicht, welche ökologischen Bedingungen zu dem Zeitpunkt herrschten, als ein bestimmtes Verhalten entstand und sich in einer Population verfestigte.

Es ist und bleibt jedenfalls faszinierend, dass Tiere sozial voneinander lernen und so bestimmte Verhaltensweisen an ihre Nachkommen weitergeben.

Lehre

Wenn Tiere Verhaltensregeln an ihren Nachwuchs weitergeben, funktioniert das dann so wie beim Menschen, wenn etwa die Mutter die Aufmerksamkeit des Sprösslings auf sich zieht und dann genau zeigt, wie ein Problem zu lösen ist? Die Antwort lautet eindeutig: nein.

Es gibt kaum Untersuchungen, die darauf schließen lassen, dass Tiere aktiv lehren. Das zugrunde liegende Problem dafür könnte sein, dass Tiere nicht oder nur begrenzt in der Lage sind, sich in andere hineinzuversetzen (siehe Kapitel V). Das heißt, sie begreifen nicht, dass ein anderes Tier eventuell einen anderen Wissensstand hat als sie selber – was aber eine Voraussetzung dafür ist sich zu bemühen, einem anderen etwas zu zeigen oder zu erklären. Aber ist dies wirklich eine notwendige Voraussetzung?

Inzwischen gibt es eine Untersuchung, die eventuell doch Ergebnisse in Richtung Lehre vermuten lässt, und diese zeigten sich überraschenderweise bei einer Ameisenart (*Temnothorax albipennis*) (Franks & Richardson, 2006). Per Definition agiert ein Individuum dann als Lehrer, wenn es sein Verhalten in Gegenwart eines »unwissenden« Beobachters verbessert. Der Lehrer dient also dem anderen als Beispiel, damit dieser schneller lernt, und zwar auch dann, wenn dieses Verhalten für ihn selbst zunächst zusätzlichen Aufwand bedeutet. Wo aber findet das bei den Ameisen statt? Bestimmte Ameisenarten zeigen das sogenannte »Tandemlaufen«, bei dem eine Ameise eine andere vom Nest zu einer Nahrungsquelle führt. Signale zwischen beiden Tieren bestimmen Geschwindigkeit und Kurs des Tandemlaufs. Nigel und Richardson (2006) haben nun gezeigt, dass dieses Tandemlaufen dem typischen Feedbackmuster beim Lehren und Lernen ähnelt: Die führende Ameise sucht ein noch unwissendes Individuum im Nestbereich, das bereit ist, ihr zu folgen. Die beiden Ameisen laufen dann los, kommen aber typischerweise nur sehr langsam voran, da die folgende Ameise immer wieder stehen bleibt, sich umsieht und sich dabei wichtige Landmarken auf dem Weg zur Nahrungsquelle einprägt. Wenn sie genug Informationen gesammelt hat, tippt sie der Führenden auf die Hinterbeine oder den Hinterleib, um so zu signalisieren, dass es weitergehen kann.

Dieses Verhalten ist zeitintensiv für die führende Ameise eines solchen Tandems: Mit ihrem Anhang ist sie ungefähr viermal so langsam wie ohne – sie würde die Nahrungsquelle also normalerweise deutlich schneller erreichen. Andererseits werden dadurch mehr Tiere über die neue Nahrungsquelle informiert, die sie ohne Lehrer nicht finden würden. Und da die Schüler oft selber zum Lehrer werden und eine neue noch unwissende Ameise anleiten, dienen sie so als Multiplikatoren der vermittelten Information.

Wer hätte gedacht, dass gerade Ameisen zu solchen Leistungen fähig sind?

Woher Ratten wissen, was sie fressen dürfen und was nicht

Von Ratten ist bekannt, dass sie ziemlich kluge Tiere sind, aber wie klug sind sie wirklich? Bennett Galef Jr. versucht das seit über 30 Jahren zu erforschen. Bei den Experimenten seiner Forschungsgruppe geht es hauptsächlich darum, wie Ratten voneinander lernen, was sie fressen dürfen und was nicht, und wovon es abhängt, ob sie voneinander lernen oder nicht.

Einige dieser sozialen Einflüsse beginnen schon vor der Geburt. Durch den Blutstrom werden alle Föten mit geruchtragenden Chemikalien versorgt, die es den ungeborenen Ratten ermöglichen zu erkennen, was ihre Mutter gefressen hat. Kurz nach der Geburt bevorzugen sie dann die Nahrung, die ihre Mutter während der Schwangerschaft gefressen hat. Aber nicht nur das, auch durch die Muttermilch erhalten die Kleinen Informationen über die Nahrung, die ihre Mutter frisst. Später zeigen sie dann für diese Nahrung eine Präferenz gegenüber anderer Nahrung.

Nachdem die jungen Ratten unabhängig von ihrer Mutter geworden sind, halten sie sich mehr und mehr an Informationen, die sie von anderen Ratten in ihrer Kolonie bekommen. Aber wie funktioniert das, wenn die Tiere relativ unabhängig voneinander nach Futter suchen?

Die ersten Experimente im Jahre 1982 zeigten, dass Ratten, die mit einer anderen Ratte, die vorher ein bestimmtes Stück Futter bekommen hatte, interagieren durften, danach eine Präferenz für das Futter entwickelten, das die andere Ratte gefressen hatte. Dieses Verhalten ist sehr stark ausgeprägt und unabhängig von Alter, Geschlecht oder Situation. Interessanterweise geht das so weit, dass Ratten auch gewisse Abneigungen gegen ein bestimmtes Futter vergessen können. Dies zeigte sich sogar, wenn sie über Wochen hinweg gelernt hatten, dass eine Futtersorte, die zum Beispiel nach Zimt riecht, Bauchschmerzen verursacht und es für sie günstig ist, solches Futter zu meiden. Nachdem sie mit einer Ratte Kontakt hatten, die das nach Zimt riechende Futter gefressen hatte, vergaßen sie all ihre eigenen Erfahrungen und fraßen dieses Futter selbst dann, wenn ihnen als Alternative ein nicht nach Zimt riechendes Futter angeboten wurde. In vielen Experimenten haben Galef und Kollegen nun versucht, genau zu untersuchen, was Ratten wann lernen.

Der erste Punkt, der untersucht wurde, ist, wie Tiere lernen, was sie fressen müssen. Es hat sich herausgestellt, dass Ratten zum Beispiel nicht gut erkennen, welche von verschiedenen Futtersorten die beste in Bezug auf Proteingehalt ist (Galef Jr. & Whiskin, 2008). In einem Versuch wurde naiven, also unwissenden Ratten die Wahl zwischen vier proteinarmen und einem nicht so schmackhaften, dafür aber proteinreichen Nahrungsmittel angeboten. Die Hälfte der Ratten war alleine, die andere Hälfte hatte jeweils eine Demonstrator-Ratte, die gelernt hatte, die proteinreiche Nahrung zu fressen. Die Ratten mit dem Demonstrator wuchsen und es ging ihnen gut, während die

84

Ratten ohne Demonstrator sich nicht sehr gut entwickelten (Beck & Galef Jr., 1989). Die unwissenden Ratten hatten also vom Demonstrator gelernt, die proteinreiche Nahrung zu fressen, auch wenn die Nahrung an sich nicht so schmackhaft war. Allerdings war es auch abhängig von der körperlichen Gesundheit der Tiere, inwieweit sie sich beeinflussen ließen. Wenn sie ein Defizit im Proteinhaushalt hatten, fraßen die Tiere mit Demonstrator viel mehr von der nicht schmackhaften, aber proteinreichen Nahrung als Tiere, deren Proteinhaushalt in Ordnung war (Galef Jr. et al., 1991).

Ob und was ein Tier von einem anderen lernt, sollte theoretisch nicht nur von der Gesundheit des Tieres abhängen, sondern auch von den möglichen Risiken, die individuelles Lernen mit sich bringt. Um dies zu untersuchen, haben Galef und Whiskin (Galef Jr. & Whiskin, 2006) drei verschiedene Experimente durchgeführt:

1. Die Voraussage zu diesem Experiment war, dass Ratten, die weit entfernt von einer schützenden Deckung sind, bei der Auswahl zwischen zwei unbekannten Futtersorten eher auf soziale Einflüsse achten würden als Ratten, die sehr nahe an einer Deckung sind und daher einem Feindangriff schnell entkommen können. Um das zu testen, wurde allen Ratten vor dem Experiment ein Demonstrator zugeteilt, der kurz zuvor ein bestimmtes Futter gefressen hatte. Der einen Hälfte der Ratten wurde direkt neben ihrer Deckung die Wahl zwischen zwei Futtersorten gegeben, der anderen Hälfte wurden die zwei Futtersorten relativ weit von der Deckung entfernt zur Verfügung gestellt. Eine der beiden Futtersorten war identisch mit der, die der Demonstrator gefressen hatte. Nach der Vorhersage hätte man nun erwartet, dass die Ratten, deren Deckung weit entfernt war, mehr von dem Futter fressen würden, das der Demonstrator bekommen hatte – sie sich also auf die soziale Information verlassen würden. Das war allerdings nicht der Fall – alle Ratten fraßen ungefähr gleich viel von dem Futter, das der Demonstrator zu sich genommen hatte. Da die Tiere gleich viel gefressen hatten, lag die Vermutung nahe, dass indirekter Feinddruck nicht genug war, um die Tiere davon zu überzeugen, dass sie in Gefahr waren.

2. In einem zweiten Versuch wurde daher getestet, wie sich Ratten verhalten, wenn der Feinddruck direkt und real ist. Dazu wurde derselbe Versuch wiederholt, nur dass diesmal zwei Katzen, die sich frei bewegen konnten, direkt neben den Rattenkäfigen gehalten wurden. Neben diesen experimentellen Gruppen gab es auch Kontrollgruppen, die unter denselben Konditionen getestet wurden, aber ohne dass Katzen in der Nähe waren. Die experimentellen Gruppen fraßen sehr viel weniger als die Kontrollgruppen – sie reagierten also auf den Feinddruck. Interessant ist, dass sie nicht die Nahrungsorte präferierten, die der Demonstrator gefressen hatte. Sie waren also unter Feinddruck nicht wählerischer!

3. In einem dritten Versuch wurde nun getestet, wie Ratten reagieren, wenn sie gelernt haben, dass neues, unbekanntes Futter – das sie selber probieren – meist zu Bauchschmerzen führt, und wenn ihnen anschließend die Möglichkeit gegeben wird, sich nach sozialen Informationen zu richten. Eigentlich wäre auch das eine Situation, in der es sehr sinnvoll wäre, sich auf andere zu verlassen, anstatt das Futter selber zu probieren. In dem Experiment wurde den Versuchsratten zuerst beigebracht, dass vier neue, unbekannte Futtersorten Bauchschmerzen verursachen, während die Kontrollratten unbekanntes Futter erhielten, das bei ihnen keine negativen Auswirkungen zeigte. Nach dieser Trainingsphase wurden alle Ratten mit einem Demonstrator konfrontiert, der zuvor eine bestimmte, für die Ratten unbekannte Futtersorte gefressen hatte. Nach einer Stunde konnten die Ratten dann zwischen zwei neuen, unbekannten Futtersorten wählen – eine davon hatte der Demonstrator gefressen. Die Ergebnisse zeigten, dass sowohl die Versuchs- als auch die Kontrollratten gleichermaßen die Futtersorte, die der Demonstrator gefressen hatte, bevorzugten. Allerdings taten das die Versuchsratten nicht in größerem Ausmaß als die Kontrollratten – sie haben sich also auch nicht stärker auf die soziale Information verlassen als unter normalen Umständen.

Die Versuche haben somit gezeigt, dass sich Ratten auch nicht stärker auf soziale Informationen verlassen, wenn es eigentlich sinnvoll wäre

– also wenn individuelles Lernen ein gewisses Risiko mit sich bringt und soziales Lernen mit weniger Kosten verbunden ist. Trotzdem zeigen die Versuche, dass sich Ratten eigentlich immer zu einem großen Prozentsatz auf soziale Informationen – also Informationen von anderen Ratten – verlassen und bevorzugt Futter fressen, das sie bei einem anderen Tier wahrgenommen haben.

Der zweite Punkt, den Galef und Kollegen in den letzten Jahren untersucht haben, war, ob Ratten eigentlich auch voneinander lernen, was sie nicht essen sollten. Allgemein wird geglaubt, dass man Ratten nicht mit Ködern vergiften kann, da eine Ratte nicht frisst, was eine andere krank gemacht hat. Aber stimmt das auch? Mehrere Versuche haben gezeigt, dass Ratten, die mit anderen Demonstrator-Ratten, die offensichtlich krank waren, interagieren konnten, eher eine Präferenz für das vom Demonstrator gefressene Futter entwickelten als eine Abneigung. Sie haben also nicht gelernt, Futter zu vermeiden, das andere Ratten offensichtlich krank macht (Galef Jr., 1996). Ratten, die gelernt haben, ein bestimmtes Futter zu vermeiden, da es Bauchschmerzen verursacht, warnen Artgenossen auch nicht. Sie hinterlassen weder Spuren, noch markieren sie das Futter oder die Stellen, an denen das Futter gefunden wurde, damit unwissende Tiere dieses Futter meiden können (Galef Jr. et al., 2006). Ganz im Gegenteil: Ratten fressen bevorzugt dort, wo vorher ein Artgenosse gewesen ist!

Affen äffen Affen nach, und wie ist das nun mit Hunden? Ein Beispiel für selektive Imitation

Im Jahr 2002 veröffentlichte der bekannte Kinderpsychologe György Gergely zusammen mit seinen Kollegen eine Studie über selektive Imitation bei 14 Monate alten Kindern (Gergely et al., 2002). In dem Versuch durften die Kinder beobachten, wie ein Erwachsener eine magische Box durch Berührung zum Leuchten brachte, und zwar nicht, wie üblich, mit den Händen, sondern mit der Stirn. Die Hälfte der Kindergruppe sah, wie der Erwachsene die magische Box mit der

Stirn betätigte, seine Hände dabei aber frei sichtbar auf dem Tisch lagen. Dem anderen Teil der Kindergruppe wurde ebenfalls diese Stirnmethode gezeigt, aber diesmal hatte der Erwachsene eine Decke um die Schulter gelegt, die er mit beiden Händen festhielt. Die Hände waren also in dieser Situation blockiert und hätten nicht zur Betätigung der Box verwendet werden können.

Eine Woche nach der Demonstration durften die Kinder selber versuchen, die magische Box zum Leuchten zu bringen, und sie hatten natürlich die Hände dabei frei. Interessanterweise unterschieden sich die Kleinkinder in ihrem Verhalten abhängig von der Demonstration, die sie zuvor beobachtet hatten. Wenn die Hände des Erwachsenen zuvor sichtbar frei gewesen waren, imitierten 69 Prozent der Kinder die Stirnmethode. Waren die Hände während der Demonstration jedoch zum Halten der Decke benutzt worden, benutzten die Kinder (79 Prozent) selbst eher die Hände, um die Box zu berühren, also die normalerweise übliche Methode. Eine weitere Studie mit demselben Versuchsaufbau hat gezeigt, dass verbale und visuelle Kommunikation zwischen dem Modell und den Probanden notwendig ist, damit die Kinder die Kopfbewegung auch bei der zweiten Situation nachahmen.

Diese Studien haben gezeigt, dass Kleinkinder nicht wahllos das Verhalten einer anderen Person nachahmen: Wenn eine unübliche Handlung durch eine spezielle Situation gerechtfertigt ist, machen sie diese in einer normalen Situation nicht nach, sondern benutzen dann eher die einfache, gängige Methode. Wenn es allerdings keine offensichtliche Erklärung gibt, weshalb der Demonstrator die unübliche Methode benutzt hat, dann machen sie diese unübliche Methode nach. Diese Fähigkeiten werden auf zwei einfache kognitive Prozesse zurückgeführt. Zum einen gehen Kinder im Alter von drei bis 14 Monaten schon davon aus, dass andere Personen mit einem bestimmten Verhalten stets ein bestimmtes Ziel verfolgen, also zielgerichtet sind. Auf der anderen Seite scheint aber auch Kommunikation sehr wichtig für die Kinder zu sein, um sie darauf aufmerksam zu machen, dass etwas Wichtiges passieren wird, das sie lernen sollten. Werden Kleinkinder also in eine Situation gebracht, in der ihre Aufmerksamkeit geweckt und ihnen dann eine Handlung gezeigt wird, die eigentlich nicht die einfachste Methode ist und die nicht durch die Situation erklärt werden kann, ahmen sie auch eine nicht effiziente Methode nach.

Bis heute wurde angenommen, dass nur Menschen diese Fähigkeit besitzen. Auf der anderen Seite sind auch Hunde – durch Domestikation und Erziehung – besonders darauf getrimmt, vom Menschen auch kausal nicht begründbare Dinge zu lernen (z. B. »Platz« zu machen, um ein Leckerli zu bekommen) und auf die menschliche Kommunikation zu achten. Andererseits werden auch Hunde die effizienteste Methode wählen, um ans Ziel zu kommen, wenn ihnen die Möglichkeit dazu gegeben wird. Zusammen mit Kollegen haben wir daher eine ganz ähnliche Studie durchgeführt, um die selektive Imitation auch bei Hunden zu testen (Range et al., 2007).

In dieser Studie wurde ein Stück Futter in eine kleine Box gelegt, die durch zwei Ketten mit einem Holzstab verbunden war, der etwa auf Brusthöhe der Hunde hing. Um an das Futter zu gelangen, mussten die Hunde an dem Holzstab ziehen oder ihn herunterdrücken. In der ersten Gruppe testeten wir 14 Kontrollhunde, die zwar gesehen hatten, wie das Futter in die Box gelegt wurde, aber nicht, wie man an das Futter kam. Als sie dann selber einzeln versuchen durften, an das Futter zu kommen, benutzten zwölf der Hunde im ersten Versuch ihre Schnauze, woraus man schließen kann, dass dies die normale, gewöhnliche Methode für die Hunde ist.

Daraufhin wurde dann die Border-Collie-Hündin Guinness trainiert, den Holzstab mit der Pfote zu betätigen, also eine unüblichere Methode anzuwenden. Ihre Pfotentechnik zeigte Guinness dann zwei Gruppen von Hunden – der einen Gruppe mit einem Ball im Maul und der anderen Gruppe ohne Ball im Maul (Abbildung III-4, Farbbildteil S. 138). In der zweiten Situation benutzte sie also ihre Pfote, obwohl auch ihre Schnauze frei gewesen wäre. Diese beiden Situationen waren analog zu den beiden Situationen im Kinderversuch aufgebaut.

Der genaue Versuchsablauf war wie folgt: Die Besitzer wurden gebeten, sich mit ihren Hunden in etwa zwei Metern Entfernung von dem Versuchsapparat aufzustellen. Guinness saß in einem Abstand von etwa drei Metern vor dem Versuchsapparat. Der Experimentator ging nun zu dem Versuchshund, zeigte ihm das Stück Futter, sprach mit ihm und steckte das Futter in die kleine Box. Danach kehrte der Experimentator zu Guinness zurück und schickte sie mit dem Befehl »Ring« – entweder mit Ball im Maul oder ohne – zu dem Holzstab, den sie dann mit der Pfote betätigte. Guinness nahm allerdings nicht das Stück Futter, das sie durch ihre Aktion gewonnen hatte, sondern kehrte zum Experimentator zurück, wo sie gelobt und belohnt wurde. Der Beobachterhund durfte dann das Stück Futter, das von Guinness »produziert« worden war, einsammeln. Durch diese kleine Belohnung zwischendurch wurde die Aufmerksamkeit der Beobachterhunde auf die Demonstration von Guinness gelenkt, und so konnte sichergestellt werden, dass alle Hunde aufpassten und sahen, was geschah. Guinness zeigte dann insgesamt zehn Mal für jeden Hund vor, wie die Box mit der Pfote betätigt werden sollte, um an das Futter zu kommen. Um sicherzustellen, dass die Besitzer die Hunde nicht unbewusst beeinflussten (Clever-Hans-Effekt, siehe Kapitel I), musste ein Drittel der Hundebesitzer in beiden Situationen (Hund mit und ohne Ball im Maul) eine Augenbinde tragen – sie sahen also nicht, was Guinness machte und ob sie einen Ball im Maul hatte oder nicht.

Nach den zehn Demonstrationen wurde Guinness weggebracht, und der Beobachterhund selber durfte versuchen, an das Futter zu kommen. Die Besitzer durften die Hunde dabei ermutigen, aber keinen Hinweis darauf geben, ob sie die Pfote oder die Schnauze benutzen sollten. Die Hunde hatten acht Versuche, das Leckerli zu bekommen.

Überraschenderweise wurde ein ganz ähnliches Ergebnis gefunden wie bei den Kindern mit der magischen Leuchtbox. Die Hunde benutzten im ersten Versuch in 83 Prozent die Pfote, wenn sie Guinness ohne Ball im Maul gesehen hatten, und nur in 21 Prozent, wenn sie Guinness mit Ball im Maul gesehen haben. In den weiteren sieben Versuchsdurchläufen benutzten diejenigen Tiere, die Guinness ohne Ball gesehen hatten, weiterhin sehr häufig die Pfote. Aber auch die

Tiere, die Guinness mit Ball im Maul gesehen hatten, begannen teilweise, die Pfote zu benutzen, wenn auch nicht so häufig wie in der anderen Gruppe.

Diese Ergebnisse sind vergleichbar mit denen der Kinderstudie, zumindest auf der Verhaltensebene. Allerdings ist nicht bekannt, was bei den Tieren im Kopf vorgeht und ob die kognitiven Prozesse, die dem gezeigten Verhalten zugrunde liegen, dieselben sind wie bei den Kindern. Deswegen wurden weitere Versuche durchgeführt, die genauer zeigen sollten, wann und wie Hunde nachahmen. So wurde zum Bespiel getestet, ob Hunde weiterhin nachahmen, wenn die Kommunikation zwischen Experimentator und Hund während der Demonstration entfällt. Kinder imitieren in diesem Fall nicht häufiger – aber wie ist es bei den Hunden? Die Ergebnisse zeigen, dass Hunde unter diesen Umständen auch nicht mehr imitieren bzw. keine Selektivität mehr zeigen. Es ist allerdings immer noch nicht ganz klar, was das eigentlich bedeutet. Gergely und Kollegen meinen, dass die Kinder durch die Kommunikation auf die Bedeutung der darauffolgenden Handlung aufmerksam gemacht werden, aber es kann auch sein, dass die Kommunikation einfach nur zu einer generell höheren Aufmerksamkeit führt – sowohl beim Kind als auch beim Hund. Bevor hier definitive Antworten gegeben werden können, werden von uns auf jeden Fall noch weitere Versuche durchgeführt, um genauer zu verstehen, was hier auf dem kognitiven Level eigentlich passiert. Denn auch in der Kinderpsychologie ist vieles noch unklar.

Gehen Affen in die Oper? Inwieweit das Verhalten von Affen etwas mit Kultur zu tun hat

Obwohl es inzwischen viele Beobachtungen von lokalen Verhaltensmustern bei frei lebenden Tierpopulationen gibt (Connor, 2001; Schaik van, 1999; Janson & Smith, 2003; Laland & Hoppitt, 2003; Schaik et al., 2003; Hunt & Gray, 2004b; Rendell & Whitehead, 2001), sind bis heute keine Experimente bekannt, die nachweisen, ob diese Traditionen im Freiland tatsächlich durch soziales Lernen erworben werden und somit wirklich als Kultur bezeichnet werden können. In den letzten 20 Jahren hat es viele Untersuchungen von in Gefangenschaft lebenden Primaten und anderen Tierarten gegeben, die gezeigt haben, dass durch Imitation und andere Formen des sozialen Lernens Verhaltensweisen von anderen übernommen werden können (Akins et al., 2002; Bugnyar & Huber, 1997; Campbell et al., 1999; Dorrance & Zentall, 2002; Brosnan & de Waal, 2004). Allerdings wurden die meisten dieser Experimente in eher »unnatürlichen« Situationen durchgeführt (nur ein Beobachter und ein Modell; eine Trennwand zwischen Beobachter und Modell etc.).

In einer Studie mit Schimpansen wurde versucht, diese Forschungslücke teilweise zu schließen (Whiten et al., 2005). Die Experimente wurden im bekannten Primatenzentrum in Atlanta in den USA durchgeführt. In diesem Versuch wurden drei Gruppen von Schimpansen vor die Aufgabe gestellt, einen Köder aus einem per Korken verschlossenen Behälter mithilfe eines Stocks herauszuholen.

Die erste Gruppe war eine Kontrollgruppe, die das Problem alleine lösen sollte, ohne dass einem Tier gezeigt wurde, wie man an den Köder kam. In der zweiten Gruppe wurde einem hochrangigen Weibchen beigebracht, den Verschluss mit dem Stock ans Ende des Rohres zu drücken, damit das Fressen herausfallen und über ein darunter angebrachtes Rohr zu ihm rollen konnte (»Drückgruppe«). In der dritten Gruppe lernte eine hochrangige Schimpansin, den Stock in einen Haken einzufädeln und durch Hochziehen des Hakens den Korken aus dem Rohr herauszuziehen, sodass der Köder direkt in ihre Hände fallen konnte (»Ziehgruppe«). Nachdem die beiden Weibchen gelernt hatten, wie sie das Problem lösen konnten, kamen sie wieder zurück in ihre jeweilige Gruppe. Über eine Periode von sieben Tagen durften die anderen Schimpansen in den Gruppen ihren »Experten« zusehen, wie diese das Problem lösten. Nach dieser ersten Woche durften dann alle Tiere der drei Gruppen die Apparatur manipulieren und versuchen an das Futter zu kommen. In beiden experimentellen Gruppen erlernten die Artgenossen die jeweilige Technik ihrer Modelle durch Abschauen und konnten das Problem lösen. Die Tiere in der Kontrollgruppe ohne »Experten« waren dagegen nicht in der Lage, das Problem zu lösen, sie kamen also nicht an den Köder.

Interessanterweise hat die Mehrzahl der Schimpansen der experimentellen Gruppen die jeweils gelernte Methode selbst dann weiter angewendet, wenn sie nicht sehr effektiv war (Drücken war für die Schimpansen viel einfacher als Ziehen). Einige wenige Tiere der dritten Gruppe wechselten zu der einfacheren Methode. Als die experimentellen Schimpansengruppen allerdings nach zwei Monaten noch einmal mit derselben Apparatur getestet wurden, wandten fast alle Tiere wieder die gruppenspezifische Methode an – selbst die Tiere, die beim ersten Durchgang zu der einfacheren Methode gewechselt hatten. Diese Untersuchungen zeigen, dass in Gefangenschaft eine neu erlernte Fähigkeit schnell an die gesamte Population weitergegeben wird. Weiters sahen die Forscher diese Ergebnisse als Indikation dafür, dass der »kulturelle Konformismus« nicht eine typisch menschliche Eigenschaft ist, sondern dass auch Schimpansen dazu neigen, sich aneinander anzugleichen.

Ein weiterer wichtiger Schritt war nun zu überprüfen, ob Tiere auch im Freiland neue Methoden voneinander lernen und einen gewissen Konformismus innerhalb einer Gruppe zeigen – Voraussetzungen, die notwendig sind, um von Tradition bzw. Kultur sprechen zu können. Außerdem sollte untersucht werden, ob sozialer Konformismus wirklich der einzige Mechanismus ist, der ein zeitlich stabiles Verhalten erklären kann. Soziale Konformität ist kognitiv sehr anspruchsvoll, da ein Tier im Prinzip überprüfen muss, was der Großteil der anderen Tiere innerhalb seiner Gruppe tut, und dann eventuell sein eigenes, bevorzugtes Verhalten aufgeben muss, um sich dieser Gruppennorm anzupassen.

Ein anderer Erklärungsversuch für »Traditionen« im Tierreich wird im Folgenden geschildert: Ein Tier in einer Gruppe entdeckt eine neue Nahrungsquelle, die es durch Manipulation mit einem Stock erschließen kann. Andere Tiere beobachten nun, wie das Tier an diese Nahrung kommt, und lernen durch Abschauen, wie sie auch selbst das Futter erreichen können. Jedes Mal, wenn sie mit dem Stock erfolgreich sind, bekommen sie eine Belohnung – das Futter – und werden so in ihrer Handlungsweise bestätigt. Selbst wenn jetzt ein anderes Tier durch Zufall feststellt, dass es auch mit den Händen an die Nahrung kommt – viel einfacher, als mit dem Stock zu hantieren –, würden die anderen Tiere weiterhin die kompliziertere Version beibehalten. Allerdings nicht deshalb, weil der Großteil der Gruppe sich so verhält, sondern weil sie in eine Art Routine gekommen sind, die immer wieder durch Belohnung bestärkt wurde. Das Bild nach außen ist dasselbe: Der Großteil der Gruppe nutzt dieselbe komplizierte Methode, um an das Futter zu kommen. Aber es gibt zwei unterschiedliche Möglichkeiten, diesen Mechanismus zu erklären: Die eine Erklärung ist, dass die Tiere das komplizierte Verhalten beibehalten, weil es für sie eine Routine wurde, die andere, dass sie es deshalb tun, weil sie sich der Gruppennorm anpassen. Kognitiv ein großer Unterschied!

In einer Freilandstudie wurden Experimente an Weißbüschelaffen durchgeführt, um genauer zu untersuchen, wie es zu der Erhaltung von Traditionen kommen kann, also ob Konformismus wirklich notwendig ist. Weißbüschelaffen, eine Art der Krallenaffen, eignen sich sehr gut für Untersuchungen in Hinsicht auf soziales Lernen, da sie in Familiengruppen leben und untereinander sehr tolerant sind (Fragaszy & Visalberghi, 2004; Day et al., 2003). Das ermöglicht, dass Tiere sehr nahe nebeneinander sitzen können und daher sehr gut beobachten können, wenn ein Tier ein neues Objekt manipuliert oder eine neue Verhaltensweise zeigt. So wurde gezeigt, dass Krallenaffen nicht nur durch einfache soziale Lernmechanismen (objekt- und ortsspezifische Verstärkung), sondern sogar durch Imitation lernen können (Voelkl & Huber, 2007; Voelkl & Huber, 2000).

Um zu untersuchen, ob diese neotropischen Primaten grundlegende Verhaltensmechanismen aufweisen, die zur Etablierung und Erhaltung von Traditionen erforderlich sind, und wie es zur Erhaltung von verschiedenen Verhaltensmustern kommt – durch sozialen Konformismus oder durch Routine –, wurden Experimente im Freiland durchgeführt (Pesendorfer et al., 2009). Für diese Studie stand ein 32

94

Hektar großes Gebiet im atlantischen Regenwald von Aldeia im Bundesstaat Pernambuco, Brasilien zur Verfügung. In einem Teil dieses Areals befindet sich eine Siedlung von Privathäusern, in dem die dort freilebenden Weißbüschelaffen an die Anwesenheit von Menschen gewöhnt sind und zumeist keine Scheu vor diesen zeigen.

In dieser Versuchsreihe wurde neun verschiedenen Familiengruppen eine Holzbox präsentiert, die Futter enthielt und auf eine von zwei Arten geöffnet werden konnte – man konnte entweder die Schwingtüre an der Stirnseite der Box nach innen drücken oder durch Ziehen an einem Haken öffnen und dann jeweils das Futter herausnehmen (Abbildung III-5, Farbbildteil S. 139). In einer Trainingsphase wurden sechs Gruppen auf je eine der beiden Methoden trainiert, indem eine Blockade verhinderte, dass die Türe durch die jeweils andere Methode geöffnet werden konnte. Drei Gruppen hatten die Möglichkeit zu ziehen, drei die Möglichkeit zu drücken. Dieses Szenario sollte eine Situation in der Vergangenheit simulieren, bei der die ökologischen Bedingungen eine von zwei möglichen Problemlösestrategien begünstigt haben. Drei weitere Gruppen dienten als Kontrolle und konnten immer beide Methoden anwenden. Hier hätten sich also bestimmte Traditionen frei bilden können.

Jede Gruppe musste insgesamt zwölf Trainingseinheiten absolvieren, um anschließend getestet werden zu können. Die erste Testphase begann einen Tag nach der letzten Trainingseinheit. In einem Abstand von drei Tagen wurden dann zwei weitere Tests durchgeführt. Eine zweite Testphase wurde in gleicher Weise drei Wochen nach dem dritten Test durchgeführt. Um herauszufinden, ob die Tiere bei jeweils der Methode blieben, die sie im Training geübt hatten, oder ob sie zu der alternativen Technik wechseln würden, wurde im Test die Blockade entfernt, sodass sie freie Wahl in Bezug auf die Öffnungsmethode hatten.

Beim Auswerten der Daten der ersten Testphase zeigte sich, dass fast alle Tiere die Methode beibehielten, die sie im Training gelernt hatten, nur einige der Tiere benutzten auch die alternative Methode. Die zweite Testphase drei Wochen später ergab das gleiche Bild.

In den Kontrollgruppen, die die Methode zum Öffnen der Box frei wählen konnten, benutzten einige Individuen die eine und andere die andere Methode. Jedes Tier in den Kontrollgruppen hielt sich auch während der gesamten experimentellen Phase an die Methode, die es zuerst entdeckt hatte – selbst wenn der Großteil der anderen Tiere die andere Methode bevorzugte.

Zusätzlich ergab sich, dass vier Tiere, die während der Trainingsphase aufgrund der Dominanzhierarchie keinen Zugang zur Apparatur hatten, in der Testphase trotzdem Futter aus der Box holen konnten. Diese Tiere taten dies dann auch immer auf die Weise, die in der Gruppe etabliert war. Es kann daher vermutet werden, dass sie durch Abschauen gelernt hatten, wie die Box zu öffnen war.

Die Tatsache, dass in den experimentellen Gruppen ein überwältigender Großteil der Tiere bei der Methode blieb, die in der Gruppe gängig war, würden manche Forscher als soziale Konformität interpretieren. Das äußere Erscheinungsbild einer Tradition, nämlich dass die Mitglieder einer Gruppe bzw. Familie die gleiche Verhaltensweise zeigen, kann aber, wie oben beschrieben wurde, auch einfacher durch die Bildung von Routinen erklärt werden. Die Resultate dieser Studie zeigen, dass die Tiere eine erlernte Handlung beibehalten und dass dies auf individuelle Präferenzen zurückzuführen ist. Die meisten Tiere blieben ihren trainierten Verhaltensweisen treu, auch wenn diese von Individuum zu Individuum variierten, wie sich in den Kontrollgruppen zeigte. Im Gegensatz dazu konnte aber auch nachgewiesen werden, dass manche Tiere tatsächlich sozial von ihren Gruppenmitgliedern lernten. Diese gemischten Ergebnisse können erklärt werden, indem das gängige Modell von der Entstehung und Erhaltung von Traditionen modifiziert wird. So scheint es, dass zwar soziales Lernen wichtig ist, um sich neue Verhaltensweisen anzueignen, dass aber die etablierten Verhaltensweisen durch individuelle Präferenzen und die Bildung von Routinen anstatt, wie angenommen, durch ein soziales Bewusstsein oder Konformität erhalten bleiben.

Zusammenfassung

In diesem Kapitel haben wir gesehen, dass Tiere von anderen durch Abschauen lernen können. Dabei spielen nicht nur orts- und objektspezifische Informationen eine große Rolle, sondern Tiere können sogar die Handlung von anderen genau imitieren. Aber Tiere scheinen nicht nur blind nachzumachen, was andere ihnen vorzeigen, sondern achten dabei auch auf verschiedene Aspekte der jeweiligen Situation.

Ein sehr interessanter Aspekt des sozialen Lernens ist die Kommunikation. Menschen achten bei der Demonstration einer neuen, wichtigen Problemlösung darauf, dass die Beobachter zuschauen. Wenn dies nicht der Fall ist, versuchen sie normalerweise, die Aufmerksamkeit des Beobachters auf die Demonstration zu lenken. Sie achten auch darauf, ob der Beobachter versteht, worum es geht, und werden im Notfall die Demonstration der Handlung wiederholen, um so sicherzustellen, dass der Beobachter wirklich das Gewünschte lernt. Bei Tieren scheint dies anders zu sein – obwohl sie auf der einen Seite durchaus von der Kommunikation eines Demonstrators profitieren können, nutzen sie selber keine Kommunikation, um die Aufmerksamkeit des Beobachters zu erhaschen. Dies hängt wahrscheinlich damit zusammen, dass Tiere zumindest großteils ignorant gegenüber dem Wissensstand anderer Tiere zu sein scheinen (siehe auch Kapitel V). Ob die wenigen Ausnahmen, die bis dato im Tierreich in Bezug auf Lehre gefunden worden sind, Lehre in »unserem« Sinne bedeutet, können erst genauere Untersuchungen ergeben.

Soziales Lernen ist aber nicht nur enorm wichtig, da es uns und den Tieren erlaubt, neue Problemlösungen schneller und mit weniger Risiko zu erlernen, sondern vor allem auch, da es die Grundlage für Kultur darstellt. Kultur ist ein sehr wichtiger Aspekt der menschlichen Gesellschaft, und viele Wissenschaftler haben in den letzten Jahren untersucht, ob es etwas Ähnliches im Tierreich gibt. Da Tiere sozial voneinander lernen, ist zumindest diese Grundlage gewährleistet. Mehrere Studien konnten so auch zeigen, dass es Verhaltensvariationen zwischen verschiedenen Populationen derselben Tierart gibt. Wenn diese Variationen nicht anhand von ökologischen oder genetischen Unterschieden erklärt werden können, werden sie als »Kultur« bezeichnet. Dabei sind diese »Kulturen« im Tierreich sicherlich auf einer anderen Ebene zu verstehen als die menschliche Kultur.

IV

Kooperation: Gemeinsam sind wir stark

Was ist Kooperation und wie hat sie sich entwickelt? Zu dieser Frage gibt es mehrere Theorien, z. B. die der Verwandtschaftsselektion und des reziproken Altruismus.

In diesem Kapitel wird versucht, die Komplexität der Kooperation am Beispiel der gemeinsamen Jagd zu erläutern. In weiteren Beispielen wird ganz speziell der Frage nachgegangen, warum Erdmännchen für eine ganze Gruppe Wache stehen und wie Korallenfische sicherstellen, dass sie von den Putzerfischen nicht betrogen werden. Außerdem: Wie entscheiden junge Rauchgraue Mangaben (Affen) und Schimpansen, mit wem sie kooperieren möchten?

Kooperation wird definiert als das kollektive Handeln bzw. die Zusammenarbeit mehrerer Lebewesen zur Erreichung eines gemeinsamen Zieles. Es wird allgemein angenommen, dass bei Tieren ein kooperatives Verhalten den individuellen Erfolg erhöht. Tiere, die kooperativ sind, werden eher an bestimmte Ressourcen, wie zum Beispiel Nahrung, kommen und daher auch einen höheren Fortpflanzungserfolg haben.

Obwohl Kooperation ein relativ einfaches Konzept darstellt – man packt zusammen an und löst eine Aufgabe –, gibt es doch viele Aspekte, die sie sehr kompliziert machen. Jemandem zu helfen bedeutet immer, eine gewisse Energie zu investieren, und nicht immer ist das Ziel, welches man gemeinsam erreichen wird, auch untereinander teilbar. Wenn Wölfe zum Beispiel gemeinsam einen Hirsch jagen, bleibt sicher für jeden ein Stück Fleisch übrig. Wenn sich dagegen zwei Schimpansenmännchen zusammentun und gemeinsam ein Weibchen gegen ein anderes Schimpansenmännchen verteidigen, kann am Ende doch nur einer mit dem Weibchen kopulieren. Kooperation bedeutet aber auch, dass z. B. einige Tiere der Gruppe den dominanten Tieren der Gruppe bei der Aufzucht der Jungen helfen und sich selber erst später oder manchmal auch nie paaren. Sie investieren große Mühen, aber was ist ihr Nutzen? Somit ist ein noch zu klärender Aspekt bei der Kooperation die Kosten-Nutzen-Analyse, also die Frage, wie Kooperation zu begründen und zu erklären ist, wenn ein Partner nur die Mühen und die Kosten, aber keinen direkten Nutzen hat.

Theorien zur Evolution von Kooperation

Bei vielen Tierarten kooperieren Individuen häufig mit ihren Verwandten oder mit Tieren, mit denen sie seit langer Zeit sozialisieren. In den 60er- und 70er-Jahren des letzten Jahrhunderts sind zwei Theorien entwickelt worden, die die Evolution des sogenannten altruistischen Verhaltens erklären können: Verwandtschaftsselektion (*kin selection*) (Hamilton, 1964) und reziproker Altruismus (*reciprocal altruism*) (Trivers, 1971; Maynard Smith, 1974).

Verwandtschaftsselektion

Für die Verwandtschaftsselektion gibt es gute Gründe. Je enger die Verwandtschaft unter den Individuen ist, umso mehr gemeinsames genetisches Material haben sie. Wenn also einem Verwandten geholfen wird, hilft sich das Individuum auch irgendwie immer selbst. Denn je mehr Nachwuchs der Verwandte hat, umso mehr Gene (auch des Individuums) werden an die gemeinsame nächste Generation weitergegeben. Also besteht selbst dann, wenn die Kooperation dem Individuum unmittelbar nur Kosten verursacht, aber keinen individuellen Vorteil bringt, immer ein indirekter Nutzen, wenn man der Verwandtschaft hilft.

Die kooperativen Gene gelangen so in die nächste Generation, wodurch sich die Kooperationsfähigkeit sowie der Kooperationswille fortpflanzen – allerdings nur, wenn Kooperation zu einer besseren Überlebens- und vor allem Fortpflanzungswahrscheinlichkeit führt. Durch dieses Prinzip – im Englischen wird es »kin selection«, also »Verwandtschaftsselektion« genannt – lässt sich bei vielen Tierarten die Evolution von kooperativem Verhalten erklären.

Die Verwandtschaftsselektion ist also eine Bevorzugung von Verwandten gegenüber Nichtverwandten in Situationen, in denen Tiere durch Kooperation einen gewissen Nutzen erzielen können. Dieses Verhalten kann bei vielen Tierarten beobachtet werden. Zum Beispiel jagen bei Tüpfelhyänen Individuen eher mit Verwandten als mit Nichtverwandten (Holekamp et al., 1997), und auch bei Pavianen unterstützen Weibchen eher verwandte als nichtverwandte Weibchen (Seyfarth, 1976; Seyfarth & Cheney, 1984).

Viele Tierarten, die sowohl bei der Aufzucht des Nachwuchses als auch beim Jagen kooperieren, leben in Familiengruppen, das heißt als ein Elternpaar mit Nachwuchs (z. B. Afrikanische Wildhunde, Wölfe, Tamarins) oder in Gruppen aus verwandten Weibchen mit ihrem Nachwuchs (Afrikanische Löwen). Die Evolution der Kooperation wird bei diesen Arten meistens durch Selektion der Verwandtschaft erklärt (Clutton-Brock, 2002). Unter den Gruppenmitgliedern bestehen jedoch oft unterschiedliche Verwandtschaftsgrade, und außerdem schließen sich solchen Gruppen manchmal auch nichtverwandte Tiere an. Die Tiere müssen also nicht nur verwandt/nichtverwandt unterscheiden können, sondern auch noch den Grad der Verwandtschaft erkennen, um eine Entscheidung zu treffen, mit wem sie kooperieren sollen und mit wem nicht.

Die Unterscheidungsmöglichkeit zwischen verwandten und nichtverwandten Tieren beruht entweder auf der angeborenen Fähigkeit, Merkmale in Zusammenhang mit Verwandtschaft zu erkennen, wie zum Beispiel Geruch, oder auf der Fähigkeit zu erkennen, mit welchen Individuen ein Tier gemeinsam aufgewachsen ist – viele Tierarten sind dazu in der Lage, unter anderem sogar Reptilien und Fische! Das Erkennen von Verwandten muss also nicht unbedingt eine anspruchsvolle kognitive Fähigkeit sein, sondern kann auch durch einfache Assoziationen in den ersten Lebenswochen erlernt werden.
Neuere Studien zeigen außerdem, dass zumindest Schimpansen in der Lage sind, Verwandtschaft auch auf der Basis von Gesichtszügen zu erkennen – im Sortieren von Fotos, die die Verwandtschaft dokumentieren, waren sie sogar besser als Menschen (Parr and de Waal, 1999).

Reziproker Altruismus
Bei einigen Tierarten kooperieren Individuen häufig mit Tieren, mit denen sie seit langer Zeit sozialisieren, mit denen sie aber nicht unbedingt verwandt sind. Wenn alle Partner einen simultanen Nutzen da-

102

raus ziehen, ist das auch kein Problem. Wie kann ein Verhalten jedoch erklärt werden, wenn nur einer der Partner einen direkten Nutzen hat und die anderen Partner nur Kosten, also Aufwand haben? Ein Erklärungsversuch besteht im sogenannten reziproken Altruismus. Das Prinzip ist ganz einfach: Einem anderen Tier zu helfen kann einem Individuum nützen, wenn dieses dann erwarten kann, dass die Hilfeleistung in Zukunft kompensiert wird. Es funktioniert also nach dem Muster: Ich helfe Dir, Du hilfst mir. Auf längere Zeit profitieren dann die kooperierenden Tiere untereinander und haben so insgesamt eine bessere Überlebens- und Fortpflanzungswahrscheinlichkeit. Es besteht die Vermutung, dass das entsprechende kooperative Genmaterial in die nächste Generation gelangt und so die Evolution von Kooperation zwischen Nichtverwandten erklärt werden kann.

Ein sehr bekanntes Beispiel für reziproken Altruismus stellt das Zusammenleben der Fledermaus-Vampire (*Desmodus rotundus*) dar. Sie leben normalerweise in Gruppen, die aus verwandten und nichtverwandten Weibchen bestehen (Wilkinson, 1985). Es passiert recht häufig, dass nicht alle Vampire in einer Nacht etwas zu fressen finden. Das kann relativ schnell tödlich enden, insbesondere wenn die Tiere mehr als eine Nacht hintereinander keine Nahrung finden. Es ist üblich, dass Weibchen, die bei der Nahrungssuche erfolgreich waren, bei der Heimkehr in die Höhle Blut hervorwürgen und an Gruppenmitglieder abgeben, die keine Nahrung gefunden haben. Da die Vampire in kleinen Gruppen (ungefähr acht bis zwölf Tiere) innerhalb großer Kolonien leben und diese Gruppen auch über lange Zeiten stabil bleiben, sind die notwendigen Anforderungen für reziproken Altruismus gegeben: Die Tiere treffen sich immer wieder und erkennen einander wahrscheinlich individuell. Wilkinson (1994, 1990) konnte durch Beobachtungen auch nachweisen, dass die Fledermäuse hauptsächlich an Gruppenmitglieder Blut spendeten, mit denen sie viel zusammen waren und die ebenfalls an sie selbst vor nicht zu langer Zeit Blut abgegeben hatten.

Welche geistigen Fähigkeiten müssen die Vampire haben, um diese

Art der Kooperation zu ermöglichen? Einerseits muss das Individuum andere Gruppenmitglieder individuell erkennen – es reicht hier nicht, zwischen Verwandten und Nichtverwandten zu unterscheiden! Dann muss das Individuum sich auch daran erinnern, wer das letzte Mal geholfen hat und wer nicht. Vampire brauchen also auch ein gutes Gedächtnis.

Im Gegensatz zu Vampiren, die in relativ kleinen Gruppen leben, ist die Erklärung des reziproken Altruismus zum Beispiel bei Pavianen, die in Gruppen von mehr als 70 Tieren leben und auf verschiedenen Ebenen kooperieren, wesentlich schwieriger.

Neben der Frage, welche Tierarten die geistigen Fähigkeiten für reziproken Altruismus besitzen, beschäftigt die Kognitionsforschung vor allem noch die Frage, wie Tiere entscheiden, ob und mit wem genau sie kooperieren sollten (Verwandte sind ja nicht immer anwesend), und wie flexibel diese Entscheidungen sind.

Die gemeinsame Jagd – ein altes Beispiel für Kooperation

Kooperation, um an Futter zu kommen, hat im Forschungsbereich schon immer viel Interesse geweckt (Abbildung IV-1, Farbbildteil S. 140). Es wimmelt von verschiedenen Ansichten vor allem in Bezug auf die Komplexität der Kooperation: Wie stark gehen einzelne Individuen wirklich aufeinander zu und wie koordinieren sie sich? Nehmen die Tiere unterschiedliche Rollen ein? Verstehen sie überhaupt, dass sie einander brauchen, um erfolgreich zu sein? So wird zum Beispiel über die kooperative Jagd von Schimpansen behauptet, dass einige Schimpansenpopulationen (allerdings nicht alle) beim Jagen zusammenarbeiten, verschiedene Rollen einnehmen und anschließend die Beute teilen (Boesch & Boesch-Achermann, 2000; Boesch & Boesch, 1989; Boesch, 2003; Boesch, 1994). Soziale Karnivoren (Fleischfresser) jagen auch kooperativ, koordinieren sich aber nicht so stark miteinander und nehmen nicht verschiedene Rollen ein (Creel & Creel, 1995; Stander, 1992). Untersuchungen an Hyänen haben gezeigt, dass diese ihre Jagdgruppengröße an ihre jeweilige Beute anpassen (Kruuk, 1972; Cooper, 1990) und dass sie zumindest in Gefangenschaft erfolgreich komplexe Koordinationstests lösen können (Drea et al., 1996). Viele dieser Aussagen beruhen allerdings auf Beobachtungen, und oft ist es schwer zu sagen, was die Tiere nun wirklich machen und, vor allem, wie sie die gemeinsame Jagd verstehen.

Welche Faktoren entscheiden bei der kooperativen Jagd,
* wann,
* wo,
* wie und
* mit wem ein Tier kooperiert?

Grad der Freundschaft und andere soziale Faktoren

Freundschaft im Tierreich wird meistens definiert als die Zeit, die Tiere miteinander verbringen und in der sie sich gegenseitig z. B. lausen. Dieser Freundschaftsgrad zwischen Tieren scheint die Kooperationsbereitschaft zu beeinflussen. Ein hoher Assoziationsgrad und ein freundliches Sozialverhalten führen beispielsweise bei Delfinen (Connor et al., 2001; Moller et al., 2001) und bei Primaten (Aureli et al., 1989; Sterck et al., 1997) zu höherer Wahrscheinlichkeit von Kooperation.

Nur ein freundliches Sozialverhalten scheint allerdings nicht immer ausreichend zu sein. Werdenich und Huber (2002) haben zum Beispiel bei Krallenäffchen gezeigt, dass es sehr stark auf die Rollenverteilung ankommt, ob zwei Tiere erfolgreich miteinander kooperieren, um an Futter zu kommen. In ihrem Versuch (Abb. IV-2, S. 106) musste eines von zwei Tieren eine Futterschüssel mithilfe einer Schnur heranziehen – durch den Aufbau des Versuchs wurde diese Schüssel allerdings in die Reichweite des zweiten Tieres gezogen und nicht des ersten. Dieses zweite Tier musste die Schüssel dann festhalten, damit sie sich nicht wieder in die Ausgangsposition zurückbewegte, sobald der erste Affe losgelassen hatte. Der Affe, der die Futterschüssel heranzog, wurde als »Erzeuger« bezeichnet, während der zweite Affe als »Schnorrer« bezeichnet wurde – Letzterer profitierte nämlich hauptsächlich von der Arbeit des ersten und vom Versuchsaufbau. In dem Versuch waren nun nur jene Paare erfolgreich, in denen das subdominante Tier die Rolle des Erzeugers übernommen hatte und das dominante Tier die Rolle des Schnorrers. Die dominanten Tiere in diesen Paaren zeigten hohe soziale Toleranz, charakterisiert unter anderem durch das Teilen der Nahrung mit ihrem Partner.

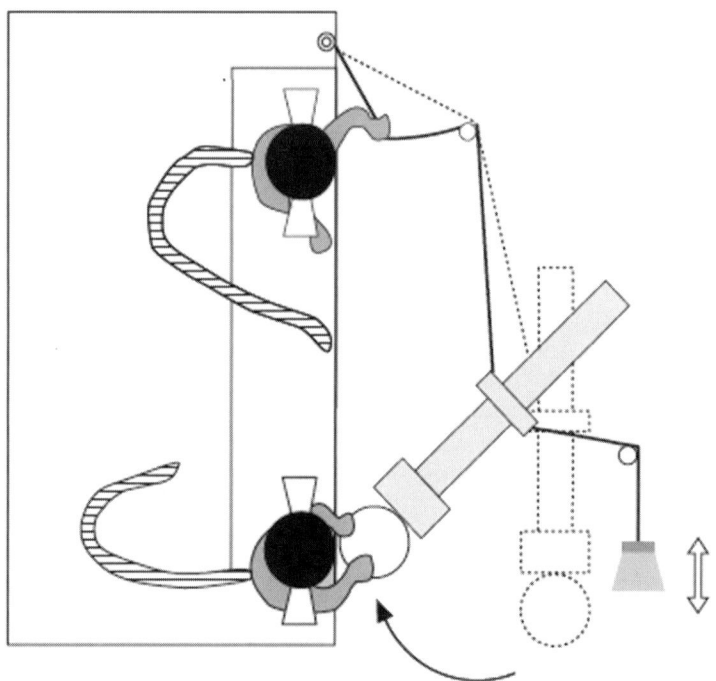

Abbildung IV-2: Schematische Darstellung des Kooperationsversuches bei Krallenaffen. Das Futter wird dabei auf die runde Plattform gelegt und ist anfangs außer Reichweite der Tiere (rechts unten). Nur wenn ein Tier an dem Seil zieht, bewegt sich die Plattform in Richtung Käfig. Sobald der erste Affe allerdings das Seil loslässt, bewegt sich die Plattform wieder an ihre Ausgangsposition zurück – der zweite Affe muss sie also festhalten, damit beide Affen Gelegenheit haben, ans Futter zu kommen.

Jägerbezogene Faktoren

Lange Lebenszeit und Langzeitbeziehungen untereinander sind wichtig für die kognitive Entwicklung und wahrscheinlich essenziell für erfolgreiches kooperatives Jagen. Bei Schimpansen dauert es viele Jahre, bis sich die Zusammenarbeit bei der Gruppenjagd entwickelt (Boesch & Boesch, 1989), wie es auch für menschliche »Sammler und Jäger« beschrieben wurde (Kaplan et al., 2000). Die alten, erfahrenen Tiere übernehmen dann die anspruchsvolleren Rollen während der Jagd (Boesch, 2003). Junge Tüpfelhyänen brauchen ungefähr sechs Jahre, um die gleiche Kompetenz bei der Jagd zu erlangen wie ältere Tiere (Holekamp et al., 1997).

Heinsohn und Kollegen (Heinsohn et al., 1996) zeigten, dass junge Löwinnen bei der gemeinsamen Verteidigung des Reviers durch die Gruppe mehr und mehr mithalfen, je älter sie wurden. Ihr Verhalten war außerdem von der Anzahl der verteidigenden und der eindringenden Tiere abhängig. Dies lässt vermuten, dass sie abschätzen können, wie die Wahrscheinlichkeit eines Sieges in Bezug zu ihrer eigenen Stärke steht, zu der Stärke der Gruppe und zu der Stärke der eindringenden Gruppe.

Unter anderem bei Arten, die den Nachwuchs gemeinsam, also kooperativ aufziehen, korreliert der Dominanzstatus außerdem meistens mit dem Alter. Bei Afrikanischen Wildhunden ist das Weibchen, das den Nachwuchs produziert, normalerweise das Alpha-Weibchen und auch einer der erfahrensten Jäger der Gruppe (Creel & Creel, 1995). Da der Nachwuchs ihr eigener ist, sollte auch die Wahrscheinlichkeit, dass sie bei der Jagd kooperiert, sehr hoch sein, da es ja ihr eigen Fleisch und Blut ist, das mit Nahrung versorgt werden muss.

Bei Hyänen, die den Nachwuchs nicht kooperativ aufziehen, korrelieren Alter und sozialer Status nicht miteinander. Niederrangige Tiere werden oft komplett von der getöteten Beute ausgeschlossen. Die niederrangigen Tiere scheinen daher nur zu kooperieren, wenn die Beute so groß ist, dass alle Jäger der Gruppe, also auch sie selbst, genug abbekommen können (Tilson & Hamilton, 1984).

Futterbezogene Faktoren

Gerade in Bezug auf die kooperative Jagd hängt die Entscheidung, ob und wann kooperiert wird, höchstwahrscheinlich auch von mehreren futterbezogenen Faktoren ab, z. B. von der Größe sowie der potenziellen Gefahr der Beute.

Studien an vielen verschiedenen Arten, von Ameisen bis Schimpansen, haben gezeigt, dass Kooperation von der Größe und Masse der potenziellen Beute abhängt. Bei der Ameisenart *Ectatomma ruidum* kooperieren Arbeiter eher, wenn die Beute schwer ist (Schatz et al., 1997); Bussarde (*Melierax canorus*) jagen große Nagetiere nur in sozialen Gruppen, wohingegen kleine Wirbeltiere und wirbellose Tiere alleine gejagt werden (Gerard, 1998). Hyänen und Afrikanische Löwen (*Panthera leo*) kooperieren weniger, wenn die Beute leicht zu fangen ist (Packer & Ruttan, 1988; Scheel & Packer, 1991). Interessanterweise sieht es so aus, als ob Hyänen sich das Beutetier im Voraus aussuchen, da sich einerseits die Jagdgruppe lange vor der eigentlichen Jagd bildet, andererseits noch andere Beutetiere vorhanden sind (Kruuk, 1972). Diese Erkenntnisse lassen darauf schließen, dass Tiere eher kooperieren, wenn die Beute relativ groß, schwer und sehr agil ist, wenn Kooperation also unbedingt notwendig ist, um ans Ziel zu kommen. Aber heißt das auch, dass sie verstehen, wann Kooperation notwendig ist, oder hat die größere Beute einfach einen höheren Anreiz für jedes einzelne Tier?

Kooperation ist also gar nicht so einfach und verlangt eine Menge Entscheidungen. Auf der einen Seite sind soziale Faktoren wichtig, wie Freundschaft, Toleranz und Dominanz, die bestimmen, ob Tiere miteinander kooperieren oder nicht. Auf der anderen Seite bleibt die Frage nach dem Verständnis der Tiere. Verstehen sie, dass sie einen Partner brauchen und dass Partner unterschiedliche Rollen annehmen können? Ziehen sie wirklich die verschiedenen Faktoren in Betracht oder agieren sie nach ganz einfachen, unflexiblen Daumenregeln? An folgenden Beispielen aus dem Tierreich kann erkannt werden, wie Kooperation im speziellen Fall aussehen kann und wie komplex sie ist.

Warnsysteme: Einer passt immer auf. Die gemeinsame Gefahrenerkennung bei Erdmännchen

Erdmännchen (*Suricata suricatta*) gehören zur Familie der sogenannten Mangusten, die im südlichen Afrika beheimatet sind. Sie sind tagaktiv und leben in Halbwüsten. Erdmännchen leben in Gruppen zwischen drei und 30 Tieren und zeichnen sich durch starke Kooperation beim Aufziehen des Nachwuchses aus. Pro Gruppe gibt es normalerweise ein dominantes Weibchen, das die Mutter von 75 Prozent der Würfe in der Gruppe ist, und ein dominantes Männchen, das der Vater von etwas mehr als 75 Prozent des Nachwuchses ist. Der Rest der Gruppe besteht aus zwei bis 15 adulten, also erwachsenen Tieren, die beim Aufpassen, Tragen und Füttern des Nachwuchses helfen – sogenannte Helfer –, und aus ein paar juvenilen Tieren, die jünger als ein Jahr sind (Clutton-Brock et al., 1999a). Die meisten Helfer sind verwandt mit dem dominanten Weibchen in der Gruppe, obwohl es in einigen Gruppen mehrere adulte nichtverwandte Männchen gibt, die auch mithelfen.

Die Landstriche, in denen die Erdmännchen leben, sind oft recht offen und wenig geschützt vor unliebsamen Blicken wie zum Beispiel von Greifvögeln. Obendrein sind sie oft ein gutes Habitat für Schlangen. Kurzum, Erdmännchen haben einige Feinde, auf die es achtzugeben gilt. Das typische Verhalten – mit den beiden Hinterbeinen auf einem erhöhten Punkt aufrecht zu stehen und nach Feinden Ausschau zu halten (Abbildung IV-3, Farbbildteil S. 141) – hat ihnen den Namen Erdmännchen zugetragen. Für Verhaltensforscher stellt sich natürlich die Frage: Warum machen sie das? Sich auf einen erhöhten Punkt zu stellen, nach Feinden Ausschau zu halten und, wenn einer kommt, die anderen auch noch mit einem Ruf zu warnen, bringt gewisse Risiken mit sich. Da der sogenannte Wachposten auf einer erhöhten Stelle steht, kann er von Feinden besser entdeckt werden, natürlich besonders, wenn er einen Alarmruf von sich gibt. Das Risiko, von einem Feind attackiert zu werden, ist somit für Wachposten höher als für andere Gruppenmitglieder. Weiters ergibt sich durch die Wachfunktion auch ein Zeitverlust für das Tier, das heißt, wenn es beobachtet, kann es nicht gleichzeitig

Nahrung aufnehmen! Ob dieses kostspielige Verhalten wirklich so kostspielig ist und ob die Wachposten sich eigentlich »dumm« verhalten, wenn sie ihr eigenes Leben für die anderen – wenn auch nahe Verwandte – aufs Spiel setzen, haben Timothy Clutton-Brock und Kollegen in Südafrika untersucht (Clutton-Brock et al., 1999b).

Clutton-Brock arbeitet schon seit Jahren im Kalahari-Gemsbok-Park in Südafrika. Mehrere Gruppen von Erdmännchen in der Gegend sind daran gewöhnt, dass ihnen Studenten und Wissenschaftler auf Schritt und Tritt folgen. Lustigerweise sind die Tiere sogar darauf trainiert, sich morgens wiegen zu lassen – ganz freiwillig klettern sie für ein kleines Stück hart gekochtes Ei auf eine Waage (Abbildung IV-4). Diese Daten, die täglich gesammelt werden, geben natürlich sehr gute Werte über die körperliche Verfassung der einzelnen Tiere und ermöglichen es, vielen verschiedenen Fragestellungen im Freiland nachzugehen. Nach dem morgendlichen Wiegen folgen Studenten und Wissenschaftler den Tieren tagsüber und nehmen Daten auf, wer wann und für wie lange als Wachposten gedient hat, wer nach Futter sucht und wer sich ausruht. Um diese Fragen zu beantworten, wurden die Erdmännchen zirka 2.000 Stunden lang beobachtet. Zusätzlich wurden weitere Versuche durchgeführt.

Abbildung IV-4: Erdmännchen beim Wiegen in den frühen Morgenstunden. Die Tiere sind so daran gewöhnt, dass die Nähe der Wissenschaftler sie nicht aus der Ruhe bringt. Erdmännchen stehen morgens immer erst einmal in der Sonne, um sich aufzuwärmen.

Zuerst überprüften die Forscher anhand ihrer Daten, ob für ein Erdmännchen das Risiko, von einem Raubfeind gefressen zu werden, wirklich höher ist, wenn es als Wachposten fungiert. Die Daten haben überraschenderweise ergeben, dass das Risiko für Wachposten nicht höher ist. Als Begründung wird angesehen, dass einerseits die Wachposten meistens die Ersten sind, die einen Raubfeind erspähen, und andererseits sind Erdmännchen nicht dumm, das heißt, sie stellen sich immer ganz in der Nähe von Bodenhöhlen auf, wo sie dann auch als Erste verschwinden, nachdem sie ihren Warnruf abgegeben haben.

Aber wer stellt sich denn zur Verfügung, um Ausschau zu halten? Die Analysen haben gezeigt, dass das dominante Weibchen sich hierbei meist etwas zurückhält, wogegen alle anderen, ob mit den Gruppenmitgliedern verwandt oder nicht, gleichermaßen mitmachen.

Interessanterweise haben die Forscher festgestellt, dass es vom Körperzustand des Tieres abhängig ist, wie oft am Tag es als Wachposten fungiert. Dies konnte an folgendem Beispiel gezeigt werden: Bis zu drei Wochen nach einem Wurf bleibt immer ein Gruppenmitglied bei dem Nachwuchs am Bau und betreut die Kleinen als Babysitter. An diesem Tag gibt es für den Babysitter sehr wenig zu fressen, und die Tiere verlieren ein bis zwei Prozent ihres Körpergewichtes. Am nächsten Tag, wenn sie dann wieder mit der Gruppe nach Futter suchen gehen, halten sich diese Individuen mit der Wachpostentätigkeit etwas zurück und verbringen mehr Zeit mit Fressen. Um zu überprüfen, ob wirklich der körperliche Zustand für dieses Verhalten verantwortlich ist, wurden folgende Versuche durchgeführt: An fünf Tagen hintereinander wurden einige Tiere morgens, bevor sie in das Gelände kamen, mit 25 Gramm hartgekochtem Ei gefüttert. An diesen Tagen verbrachten diese Tiere dann 30 Prozent mehr Zeit als Wachposten als an den fünf Tagen, bevor sie zusätzlich gefüttert wurden. Ob Erdmännchen also »mitarbeiten«, ist von ihrem körperlichen Zustand abhängig.

Ein Vergleich zwischen Erdmännchengruppen, die auf dem Farmland leben, und Gruppen, die im Nationalpark leben, wo der Raubfeinddruck sehr viel höher ist, hat gezeigt, dass die Tiere nicht so viel Zeit als Wachposten verschwenden, wenn weniger Feinde da sind. Hieraus wird geschlossen, dass das Wachverhalten ebenso von den äußeren Umständen abhängt. Das lässt vermuten, dass auch Lernen ein wichtiger Faktor für das Verhalten und somit für die Kooperation bei Erdmännchen ist.

Die Ergebnisse dieser Studie zeigen also, dass die Wachposten der Erdmännchen relativ egoistisch sind und nicht wirklich zum Wohle der anderen Tiere arbeiten. Die Tiere haben keinen größeren Aufwand, wenn davon abgesehen wird, dass sie in der Zeit, in der sie wachen, nicht fressen können. Diese Kosten sind aber auch nicht sehr hoch, da sie ja nur wachen, wenn sie »einen vollen Bauch haben« – also kann von Selbstlosigkeit eigentlich keine Rede sein. Die Frage bleibt allerdings, warum die Wachposten Warnsignale geben und sich nicht nur einfach selbst in Sicherheit bringen. Vielleicht spielen da dann doch der Verwandtschaftsgrad oder auch ein späterer direkter Vorteil eine Rolle – das muss aber erst noch untersucht werden.

Vertrauen ist gut, Kontrolle ist besser: Putzerfische und ihre Klienten

In Korallenriffen gibt es eine Kooperation zwischen Fischen, die Wissenschaftler immer wieder zum Staunen bringt. So suchen Korallenfische oft sogenannte Putzstationen auf, um sich dort Parasiten und tote oder kranke Schuppen von Putzerfischen entfernen zu lassen (Abbildung IV-5). Nutzen besteht für alle Beteiligten, aber wie ist das mit den Kosten, dem Aufwand?

Mit der Frage der potenziellen Kosten der Korallenfische befassen sich in den letzten Jahren vor allem Redouan Bshary und seine Arbeitsgruppe, die ihre Untersuchungen im Ras-Mohammed-Nationalpark in Ägypten durchführen. Die Putzerfische (*Labroides dimidiatus*) betrügen nämlich ihre Klienten hin und wieder, indem sie nicht nur Parasiten und totes oder krankes Gewebe bei den Korallenfischen entfernen, sondern auch gesundes Gewebe fressen (Bshary & Grutter,

Abbildung IV-5: Ein Putzerfisch bei der Arbeit.

2002). Dieser Vorgang ist für andere Fische – aber auch für Taucher – relativ gut zu beobachten, denn dabei schießen die Korallenfische ruckartig hoch. Das heißt, wenn ein Putzerfisch betrügt, ist es auch für andere sichtbar! Ein kleiner Teil der Putzerfisch-Population – die »Bösen« – betrügt recht häufig: zwei bis sechs Mal bei Interaktionen von 100 Sekunden, während der andere Teil sich sehr zurückhält. Die betrogenen Fische reagieren mit Jagen des Betrügers oder mit dem

Anschwimmen einer anderen Putzerstation und damit der Wahl eines anderen Putzerfisches – sofern diese zweite Option besteht, das heißt, sofern eine alternative Putzerstation innerhalb ihres Reviers existiert (Bshary & Grutter, 2002). Kosten entstehen dabei im Wesentlichen für die Korallenfische, die sich putzen lassen wollen; für die Putzerfische besteht allerdings das Risiko, dass sie von den Klienten gejagt werden, wenn sie sich nicht benehmen, und dann natürlich, dass sie bei der Jagd gefressen werden.

Viele Wissenschaftler beschäftigt auch die Frage, warum Putzerfische zielbewusst in den Rachen von Raubfischen schwimmen und so das Risiko eingehen, betrogen und gefressen zu werden (Abbildung IV-6). Die Kosten für die Putzerfische sind hierbei also potenziell sehr hoch, wogegen sie selbst nur kleine Chancen zu Betrügereien haben.

Abbildung IV-6: Putzerfisch im Rachen eines Klienten.

Im Großen und Ganzen hat sich bei der Kooperation mit den Putzerfischen ein relativ stabiles System entwickelt, in dem generell – mit Ausnahme der »bösen« Putzerfische – nicht sehr viel betrogen wird und alle auf ihre Kosten kommen. Allerdings gibt es auch eine Minderheit von Putzerfischen, die ihre Klienten sehr oft betrügen. Fische, die sich putzen lassen wollen, sollten solche Putzerfische also meiden. Natürlich könnten sie das auf der Basis von persönlicher Erfahrung tun, aber noch besser wäre es vielleicht, wenn sie aus dem Schicksal anderer lernen würden, wenn sie also beobachten, wie sich die Putzerfische gegenüber anderen Klienten verhalten, und dann basierend auf dieser Information ihre Entscheidung treffen würden. Sind Fische aber zu solch einer kognitiven Leistung fähig?

Als erste Frage hat Redouan Bshary untersucht, ob ein potenzieller Klient wirklich beobachtet, wie sich Putzerfische gegenüber einem anderen Klienten verhalten (Bshary, 2002). Lässt sich der Klient putzen oder sucht er doch lieber das Weite? Nach Beobachtungen an mehreren Putzerfischen konnte er anhand der Häufigkeiten, mit denen Klienten fluchtartig davonschwammen, fünf als »Betrüger« und elf als »kooperative« Putzerfische identifizieren. Anhand dieser Fische wurden dann seine weiteren Beobachtungen durchgeführt.

Und tatsächlich, die Wahrscheinlichkeit, dass potenzielle Klienten sich von einem Putzerfisch reinigen lassen, war signifikant höher, wenn die Interaktion zwischen einem vorherigen Klienten und einem Putzerfisch ohne Zwischenfälle abgelaufen war und der potenzielle Klient die Möglichkeit hatte die Interaktion lang genug zu beobachten. Die Klienten achten also wirklich darauf, wie sich die Putzerfische benehmen, und verhalten sich dementsprechend. In einem weiteren Versuch konnte dies durch den Vergleich von »normalen«, also nicht ausgesuchten »kooperativen« Putzerfischen und »betrügerischen« Putzerfischen bestätigt werden: Klienten wichen den Letzteren viel häufiger aus!

Diese Ergebnisse aus dem Freiland wurden auch durch Laboruntersuchungen bestätigt (Bshary & Grutter, 2006). Hier wurde jeweils einem potenziellen Klienten die Wahl zwischen zwei Putzerfischen gegeben, einem »kooperativen«, der gerade mit einem Klienten interagierte, und einem Putzerfisch, der gerade nicht mit einem Klienten interagierte. Die potenziellen Klienten verbrachten signifikant mehr Zeit in der Nähe des »kooperativen« Putzerfisches, wo sie Informationen über diesen sammeln konnten. Die Ergebnisse aus dem Labor und dem Freiland zeigen also, dass potenzielle Klienten durchaus beobachten, wie sich die Putzerfische gegenüber anderen Klienten verhalten. Aber wie sieht es mit den Putzerfischen aus – haben sie eine Gegenstrategie entwickelt, um zu verhindern, dass die Klienten diese Informationen bekommen?

Daraus ergibt sich die zweite Frage, die Redouan Bshary im Freiland untersucht hat: Erkennen die »betrügerischen« Putzerfische, ob sie von ihren Klienten beobachtet werden? Es wäre zum Beispiel denkbar, dass die Putzerfische sich sehr zuvorkommend gegenüber einem kleinen Klienten verhalten, bei dem es nicht viel zu holen gibt, nur damit der wartende, größere Klient sich dann auf das Putzen einlässt und dieser dann betrogen werden kann.

Redouan Bshary hat bei der Interaktion von »betrügerischen« Putzerfischen mit kleinen Klienten vermehrt das taktile Stimulieren der Rückengegend des Klienten mit der eigenen Brustflosse beobachtet. Dieses Verhalten zeigte sich normalerweise, wenn Putzerfische einen zögernden Klienten zum Putzen bewegen wollten bzw. nach dem Betrügen den Klienten wieder gutstimmen wollten. Wenn »betrügerische« Putzerfische dieses Verhalten allerdings zeigen, um große Klienten anzulocken, würde man vermuten, dass nach so einer Aktion der große Klient betrogen wird. Und genau das hat Redouan Bshary beobachtet: Nach einer taktilen Stimulation des vorangegangenen Klienten folgte sehr viel öfter, als normalerweise zu erwarten wäre, ein Betrug beim nächsten Klienten. Dies ist ein überaus interessantes Verhalten, das oft als *taktisches Irreführen* bezeichnet und oft mit sehr hohen geistigen Leistungen gleichgesetzt wird, z. B. mit dem Verstehen, dass ein anderes Individuum nicht dasselbe Wissen hat wie man selbst (siehe Kapitel V). Es gibt hier aber auch eine einfache Erklärung: Der

Putzerfisch hat einfach gelernt, dass, wenn er einen kleinen Klienten taktil stimuliert, die Wahrscheinlichkeit höher ist, dass der nächste, große Klient nicht davonschwimmt. Mit mehr als 2.000 Interaktionen am Tag (Grutter, 1995) kann so ein Verhalten relativ schnell erlernt werden. Wenn dieses Verhalten also erlernt ist, bedeutet das aber auch, dass der Putzerfisch wahrscheinlich nicht darüber nachdenkt, wie er den nächsten Klienten hereinlegen kann! Dass er ihn reinlegt, basiert daher wahrscheinlich auf früheren Erfahrungen, bei denen dieses Verhalten zum Erfolg geführt hat. Inwieweit der Putzerfisch also nun seine Handlungen versteht oder einfach gewisse Regeln gelernt hat, muss erst noch erforscht werden.

Von Koalitionen und Allianzen

Wie schon in der Einleitung beschrieben, ist eine Koalition eine Art von Kooperation, bei der sich zwei oder mehr Tiere gegen einen gemeinsamen Gegner verbünden. Als Allianzen werden Koalitionen bezeichnet, die über längere Zeit bestehen bleiben, also wenn die Koalitionspartner mehrmals miteinander koalieren.

Sehr interessant für Kognitionsforscher ist der Prozess, wie ein Tier seinen Koalitionspartner auswählt. Die Verhaltensweise bei der Rekrutierung eines Partners gegen einen Gegner ist eindeutig und für Forscher leicht zu erkennen: Wenn zwei Tiere einen Konflikt haben und eines der Tiere versucht, ein anderes zum Eingreifen zu animieren, schaut es zwischen dem Gegner und dem potenziellen Partner mehrmals schnell hin und her, mit fast ruckartigen Bewegungen. Aber wie entscheidet nun das Tier, welchen Partner es gerne hätte?

Eine Grundvoraussetzung für die Entscheidung ist, dass Tiere ihre Gruppenmitglieder individuell erkennen. Es konnte gezeigt werden, dass viele Tierarten diese Fähigkeiten besitzen und oft sogar andere Tiere an ihren Rufen individuell unterscheiden können (z. B. Cheney & Seyfarth, 1980; Range & Fischer, 2004). Eine weitere Bedingung ist, dass die Tiere die Dominanzhierarchie innerhalb der Gruppe kennen. Bei vielen Affenarten gibt es lineare Dominanzhierarchien, wo also Tier A höherrangig ist als Tier B, Tier B höher als Tier C und Tier A auch höherrangig als Tier C ist. Wenn nun ein Tier einen Koalitionspartner gegen einen bestimmten Gegner sucht, sollte es nicht nur seine eigene Position in der Dominanzhierarchie kennen, sondern auch die der anderen Tiere, und zwar nicht nur relativ zu sich selbst, sondern auch das Dominanzverhältnis zwischen Gegner und Koalitionspartner. In zahlreichen Studien wurde gezeigt, dass viele Primaten sich nicht einmischen, wenn der Gegner einen höheren Rang in der Dominanzhierarchie hat als sie selber. Das würde nämlich ein bestimmtes Risiko bergen, denn wenn man dem höherrangigen Gegner später alleine begegnet, könnte das negative Konsequenzen haben. Hier wird es also schon recht kompliziert, vor allem wenn Gruppen mit über 20 Tieren betrachtet werden. Ein weiterer Punkt, der zumindest für Weibchen bei den Altweltaffen eine enorme Bedeutung hat (siehe Kapitel II), ist die Verwandtschaft zwischen den Tieren. Es macht wenig Sinn, die Schwester oder die Tochter des Gegners zu rekrutieren, denn die werden sich sicherlich auf die Seite ihrer Verwandtschaft schlagen. Und letztendlich sind auch Freundschaften wichtig, die mitentscheiden können, ob ein Tier einem anderen hilft oder eher nicht. Viele Affenarten haben bestimmte enge Beziehungen mit anderen Tieren in der Gruppe, die nicht immer auf Verwandtschaft basieren. Für Männchen trifft das sehr oft zu, aber auch Weibchen haben oft Freundschaften mit einzelnen Individuen. Es gibt also doch einiges zu beachten, bevor man sich entscheidet, wen man rekrutieren möchte. Aber beachten Affen wirklich all diese Faktoren?

Bei erwachsenen Altweltaffen ist in mehreren Studien gezeigt worden, dass die Tiere wirklich auf diese verschiedenen Faktoren Rücksicht nehmen und nicht blind einen Partner rekrutieren (Silk, 1999; Cheney, 1977; Cheney & Seyfarth, 1986; Seyfarth & Cheney, 2001). Wie sieht es jedoch bei jungen Affen aus, die in wirklich großen Gruppen (mit mehr als 100 Tieren) entscheiden müssen, wen sie in Konfliktsituationen rekrutieren?

Rauchgraue Mangaben (*Cercocebus atys*) sind eine terrestrische Affenart, die im dichten Regenwald an der Elfenbeinküste in Westafrika leben. Sie sind entfernt verwandt mit den Pavianen und leben in Gruppen von mehr als 100 Tieren. Die Weibchen und auch die Männchen bilden eine lineare Dominanzhierarchie (Range, 2006; Range & Noe, 2002). Sie gehen auch differenzierte Beziehungen, das heißt Freundschaften mit bestimmten Tieren, ein. Im Rahmen meiner Dissertation habe ich untersucht, ob Rauchgraue Mangaben selbst in so großen Gruppen all die verschiedenen Informationen beim Rekrutieren berücksichtigen und, vor allem, ob junge Tiere das auch schon tun oder ob diese eher einfache Daumenregeln benutzen. Um diese Fragestellung zu beantworten, wurden eine Menge Daten über Konflikte gesammelt (Range & Noe, 2005).

Meine Assistenten, Studenten und ich konnten alle Tiere der Gruppe an den individuellen Gesichtern erkennen (siehe Abbildung IV-7, Farbbildteil S. 142). Bestimmte Tiere wurden dann immer 15 Minuten lang verfolgt und beobachtet. Mithilfe von Taschencomputern wurden sämtliche Verhaltensweisen aufgenommen. So wurde zum Beispiel notiert, wer wann mit wem einen Konflikt hatte und ob einer der Gegner versuchte, ein drittes Tier zu rekrutieren. Und natürlich, wer sich wann in einen Konflikt eingemischt hat. Die Daten wurden anschließend mit Statistikprogrammen genau analysiert.

Zuerst wurde ermittelt, wen ein Tier, das sich in einen Konflikt einmischt, eigentlich unterstützt. Die Ergebnisse haben gezeigt, dass sowohl erwachsene Weibchen als auch Weibchen und Männchen, die jünger als drei Jahre waren, sehr viel öfter in einen Konflikt eingriffen, wenn sie selber höherrangig als ihr Gegner und ihr Partner waren oder aber zumindest höherrangig als ihr Gegner. Aber muss das Tier dafür wirklich mehr wissen als seine eigene Rangposition? Man kann das beobachtete Verhalten auch mit einer recht einfachen Daumenregel erklären: Ich greife nur in einen Konflikt ein, wenn ich selber im Rang höher stehe als der Gegner! Dies erfordert natürlich keine sehr hohen geistigen Anforderungen. Der Affe muss also nur wissen, wer in der Dominanzhierarchie über und wer unter ihm steht – immer noch schwierig, aber sicherlich nicht ganz so anspruchsvoll, wie wenn er die Beziehung zwischen zwei anderen Tieren kennen muss!

Weiters wurde analysiert, wen ein junges Tier (jünger als drei Jahre) in Bezug auf seine eigene Dominanzposition rekrutiert – also wen es zum Helfen auffordert. Dazu wurden alle Konflikte ausgewertet, bei denen ein juveniler Affe in einen Konflikt verwickelt war und einen dritten Affen aufgefordert hat, ihm zu helfen. In der ersten Analyse wurde gezeigt, dass Mangaben hauptsächlich dann einer Aufforderung folgen, in einen Konflikt einzugreifen, wenn sie zumindest höherrangig im Vergleich zum Gegner des Rekrutierenden sind. Wenn also ein potenzieller Unterstützer rekrutiert werden soll, sollte der Affe dieses Dominanzverhalten in Betracht ziehen, um Erfolg zu haben. Die Analyse hat gezeigt, dass sowohl juvenile als auch erwachsene Mangaben hauptsächlich solche Tiere rekrutieren, die in der Rangposition über dem Gegner stehen. Nur in etwa zehn Prozent aller untersuchten Fälle haben die Tiere versucht, einen Partner zu rekrutieren, der niedriger im Rang stand als der Gegner.

Bei dieser Diskussion ist anzumerken, dass diese Studie nicht in einem Zoo, sondern im Freiland (Taï-Monkey-Nationalpark, Elfenbeinküste) durchgeführt wurde. Im Urwald verteilen sich die Mangaben beim Suchen nach etwas Essbaren immer relativ weit innerhalb ihrer Gruppe, sodass es sein kann, dass in vielen dieser untersuchten Konflikte die Tiere eigentlich keine Wahl hatten – innerhalb von fünf Metern befand sich nur ein einziger potenzieller Partner. Das würde die Ergebnisse weniger aussagekräftig machen. Also wurden in einem weiteren Schritt nur die Fälle untersucht, in denen die Tiere in ihrem näheren Umfeld wirklich mehrere potenzielle Partner hatten – haben die juvenilen Affen auch dann immer noch die richtigen Entscheidungen getroffen?

In den Fällen, in denen es mindestens zwei potenzielle Partner gab – einer niederrangig, einer höherrangig im Vergleich zum Gegner, haben die Tiere in 87 Prozent der Fälle den höherrangigen rekrutiert. Wenn beide potenziellen Partner höher im Rang waren als der Gegner, rekrutierten die Tiere den Partner, der sowohl den Gegner als auch den Rekrutierenden in der Dominanzposition übertraf (Abbildung IV-8).

Die Ergebnisse zeigen, dass sowohl adulte als auch juvenile Mangaben sehr wohl darauf achten, wen sie in einem Konflikt rekrutieren. Müssen sie dafür aber wirklich die triadischen Beziehungen der Tiere kennen? In anderen Worten: Müssen sie die Rangbeziehung zwischen Gegner und potenziellem Partner kennen? Nun, eigentlich müssen sie das nicht, denn zumindest die bisher geschilderten Ergebnisse könnte man wiederum mit einer einfachen Daumenregel erklären: *Kämpfe immer nur gegen einen Gegner, der Dir unterlegen ist, und rekrutiere bei Bedarf ein Tier, dass Dir selber überlegen ist.* Eine einfache Regel, die bei den bisher genannten Fällen zum Erfolg führen würde!

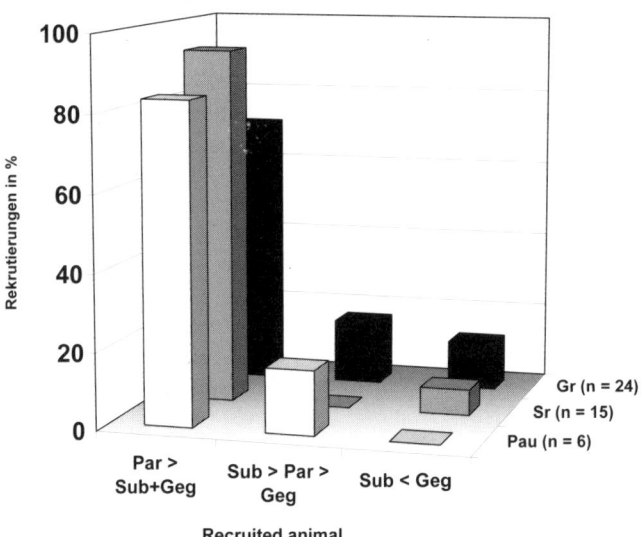

Abbildung IV-8: Die Abbildung zeigt, wen die drei juvenilen Mangaben (Gris, Srinigar und Paul) in Konflikten zu rekrutieren versucht haben (Range & Noe, 2005). Die Zahl in Klammern ist die Anzahl von Rekrutierungen. Par = potenzielle Partner, Sub = Tier, das rekrutiert; Geg = Gegner. Die Pfeile geben die Rangbeziehungen an: Par > Sub + Geg bedeutet, dass das rekrutierte Tier im Rang höher als der Rekrutierende und auch als der Gegner stand.

Es gibt allerdings Situationen, in denen diese Regel nicht mehr als Erklärung gilt – nämlich wenn der Rekrutierende selber im Rang niedriger als der Gegner und auch niedriger als der potenzielle Partner ist oder aber höherrangig sowohl im Vergleich zum Gegner als auch zum potenziellen Partner ist. Um in dieser Situation einen »richtigen« Partner zu rekrutieren, muss das Tier die Beziehung zwischen Gegner und Partner kennen. Und hier waren die Ergebnisse für die juvenilen Mangaben nicht mehr so eindeutig, sondern sehr gemischt. Es bleibt also offen, ob juvenile Mangaben wirklich alle Beziehungen zwischen den verschiedenen Tieren kennen oder ob sie sich zumindest im juvenilen Alter auf einfache Daumenregeln stützen, die in über 70 Prozent der Fälle auch zum Erfolg führen.

Die Studie hat also gezeigt, dass viele Verhaltensweisen, die wir als »intelligent« bezeichnen würden, vielleicht nicht ganz so überwältigend sind und eventuell mit einfachen Daumenregeln erklärt werden können. Zumindest müssen Wissenschaftler immer diese Möglichkeit berücksichtigen und versuchen zu testen, was die Tiere wirklich wissen. Ob die Rauchgrauen Mangaben die möglichen Daumenregeln benutzen oder tatsächlich die triadischen Beziehungen aller Gruppenmitglieder kennen bzw. während ihrer Jugend erlernen, bleibt bis dato ihr Geheimnis! Weitere Untersuchungen und vor allem rigorose Playback-Experimente wären notwendig, um das zu erforschen. Aufgrund der politischen Situation an der Elfenbeinküste ist es zurzeit jedoch nicht möglich, diese Studien durchzuführen.

Wer ist der beste Partner?

Wie in der Einleitung dieses Kapitels angesprochen, interessiert die Kognitionsbiologen brennend, ob Tiere bei der Kooperation verstehen, dass die Lösung eines Problems nur bei der Mitwirkung eines Partners möglich ist. Eine alternative Erklärung dazu wäre, dass jedes Tier nur versucht, sein eigenes Problem zu lösen. Wenn ein zweites Tier mit demselben Ziel da ist, sieht das gemeinsame Arbeiten natürlich wie Kooperation aus – in Wirklichkeit geht aber jedes Tier nur seinen eigenen Zielen nach. Es würde dann auch nicht verstehen, dass das Ziel nur dann erreicht werden kann, wenn der Partner da ist. Damit zusammenhängend stellt sich die Frage, ob Tiere verstehen, ob je nach Art der Kooperation verschiedene Individuen unterschiedlich gut als Partner geeignet sind.

Kinder erkennen schon im Alter von wenigen Jahren, wenn sie ein Problem nicht ohne Hilfe lösen können. Sie suchen dann aktiv nach jemandem, der ihnen bei der Lösung helfen kann, der sie beraten kann, wie die koordinierte Handlung aussehen sollte, um das Ziel zu erreichen, und sie erkennen auch, dass jeder Partner unterschiedliche Rollen annehmen kann. Für uns Erwachsene gehören solche Überlegungen zum Alltag und wir machen uns wenig Gedanken darüber, aber trifft das auch auf Tiere zu?

Schimpansen kooperieren unter natürlichen Bedingungen vor allem bei der Jagd nach Affen. Beobachtungen lassen vermuten, dass Schimpansen eventuell wissen, wann sie einen Partner brauchen, und vielleicht sogar, wie sie miteinander kooperieren sollten, um das geplante Ziel zu erreichen. Ersteres wird daraus abgeleitet, dass Schimpansen vor allem dann gemeinsam jagen, wenn die Affen sich in relativ dichtem Wald befinden, wo es viele Fluchtmöglichkeiten gibt. Sie jagen eher alleine, wenn der Wald lichter ist und es nur wenige Möglichkeiten für ein Entkommen der Affen gibt (Boesch & Boesch-Achermann, 2000). Die Affenarten, die von den Schimpansen gejagt werden, sind nämlich viel kleiner als die Schimpansen selbst und können so über relativ dünne Äste von einem Baum in den nächsten flüchten – dies ist für die Schimpansen nicht möglich. Gibt es jedoch zwischen den Bäumen keine Äste, haben die Affen kaum eine Chance – denn am Boden sind die Schimpansen viel zu schnell.

Es wird in hohem Maße vermutet, dass Schimpansen etwas über die Rollenverteilung bei der Kooperation verstehen, was daraus abgeleitet wird, dass die Tiere bei gemeinsamen Jagden ihre Positionen in den Bäumen untereinander koordinieren (Boesch & Boesch-Achermann, 2000). So gibt es zum Beispiel Schimpansen als Treiber, die

die Affen in eine bestimmte Richtung jagen, und Blocker, denen die Affen direkt in die Arme getrieben werden. Interessanterweise gibt es auch Beobachtungen, dass je nachdem, ob ein Schimpanse eine schwierigere Rolle übernommen hat oder nicht, er unterschiedlich viel Fleisch von dem erbeuteten Tier erhält. Diese Beobachtungen lassen vermuten, dass Schimpansen zumindest etwas über Kooperation verstehen. In einer alternativen Erklärung wird diskutiert, dass jedes Tier für sich eine bestimmte Strategie entwickelt hat, Affen zu jagen, und dass es nur wenig, wenn überhaupt, auf die anderen Tiere achtet. Ihr Verhalten kann dann zwar für einen Beobachter durchaus wie Kooperation aussehen, hat aber nicht wirklich etwas damit zu tun. Um diese Überlegungen jedoch zu überprüfen, haben Wissenschaftler am Max-Planck-Institut in Leipzig einen Versuch entworfen, mit dem erforscht werden kann, wie viel Schimpansen wirklich von Kooperation verstehen.

Hierzu haben Alicia Melis und Kollegen (Melis et al., 2006) einen einfachen Versuchsaufbau entwickelt: Ein Holzbrett, an dessen Enden sich große Metallösen befinden, durch die ein Seil gezogen werden kann, war außer Reichweite des Schimpansenkäfigs platziert. Auf jedem Ende des Brettes befand sich eine Banane. Die beiden Enden des Seiles reichten bis in den Käfig. Um an die Bananen zu kommen, musste gleichzeitig an beiden Enden des Seiles gezogen werden. Wenn nur an einem Ende gezogen wurde, lief das Seil durch die beiden Ösen und das Brett mit den Bananen blieb an seinem ursprünglichen Platz.

Im Training wurden die Enden des Seiles relativ nah nebeneinander in den Käfig gelegt, sodass ein Tier bequem an beiden Enden ziehen konnte. Die Tiere haben schnell gelernt, dass man alleine das Brett heranziehen kann, indem man an diesen beiden Enden gleichzeitig zieht.

Für den eigentlichen Versuch war der Testraum durch jeweils eine Tür mit zwei weiteren Räumen verbunden, in denen sich auch Schimpansen aufhielten. Die Türen waren geschlossen und nur das Tier im Testraum konnte sie einzeln mit einem einfachen Schlüssel öffnen und so einen anderen Schimpansen zu sich in den Testraum lassen.

Der Schimpanse des Testraumes konnte die Tür aber auch geschlossen lassen.

Bei dem Versuch ging es nun darum, ob ein Schimpanse erkennt, ob er zum Lösen seines Problems einen Partner braucht oder nicht. Dazu war nur in einem der beiden angrenzenden Räume ein Schimpanse untergebracht. Nun gab es zwei Konditionen, in denen die Tiere getestet wurden:

1. Einzelkondition: Die beiden Enden des Seiles wurden im Abstand von 55 cm in den Käfig gelegt, sodass ein Tier alleine das Brett zu sich heranziehen konnte, um an die Bananen zu kommen.
2. Kooperationskondition: Die beiden Enden des Seiles wurden im Abstand von drei Metern in den Käfig gelegt – nun konnte ein Tier alleine die Aufgabe nicht mehr bewältigen, sondern brauchte einen Partner.

Je nach Versuchskondition musste das Versuchstier also überlegen, ob es einen zweiten Schimpansen in den Testraum lassen sollte oder nicht. Jedes Versuchstier nahm an zwei Versuchsreihen mit bis zu zwölf Durchgängen teil. Sieben der acht Tiere haben die Tür für den Partner in der Kooperationskondition signifikant öfter geöffnet als in der Einzelkondition. Sie haben also verstanden, dass sie gegebenenfalls einen Partner brauchen, um das Problem zu lösen. Interessanterweise haben das zwei dieser Tiere schon bei der ersten Versuchsreihe verstanden und selektiv die Tür nur in der Kooperationskondition geöffnet – sie scheinen also das Problem verstanden und nicht nur erlernt zu haben.

In einem weiteren Versuch wurden die Anforderungen noch stärker erhöht. Es sollte geklärt werden, ob die Schimpansen von zwei Partnern den Effektiveren wählen würden. Um diese Frage zu beantworten, wurden aus den vorangehenden Versuchen zwei Schimpansen als potenzielle Partner für den Versuch ausgewählt, die beim Heranziehen des Brettes mit einem anderen Schimpansen unterschiedlich gut waren. Einer war sehr effektiv, während der andere diese Aufgabe eher schlecht löste. Während des Versuchs waren die beiden potenziellen Partner in den an den Versuchsraum angrenzenden Räumen untergebracht. Das Versuchstier hatte nun die Wahl, eine der beiden Türen zu öffnen, um einen Partner zum Lösen der Aufgabe zu rekrutieren.

In der ersten Trainingsphase mit sechs Durchgängen konnten die sechs Versuchstiere lernen, welcher der beiden potenziellen Partner, die immer hinter derselben Tür untergebracht waren, besser geeignet war, um mit ihnen das Problem gemeinsam zu lösen. Die Versuchstiere durften also frei wählen, mit wem sie kooperieren und Erfahrung sammeln wollten.

Am Tag nach diesem Training durften die sechs Versuchstiere in einer Testphase mit wiederum sechs Versuchsdurchgängen wählen, welchen der beiden potenziellen Partner sie zum Helfen rekrutierten. Die Frage war: Hatten die Tiere am Vortag gelernt, dass einer der potenziellen Partner besser geeignet war als der andere, um an die Banane zu kommen, und bevorzugten sie bei der Auswahl jetzt den besseren? Die Antwort ist eindeutig: Ja! In der Trainingsphase, als sie noch nicht wussten, welcher der beiden potenziellen Partner besser war, hatten sie keinen Unterschied zwischen den beiden Tieren gemacht. In der Testphase, nachdem sie Gelegenheit gehabt hatten auszuprobieren, mit wem die Aufgabe besser zu lösen war, wählten sie fast nur noch den besseren Partner.

Zusammenfassung

Obwohl Kooperation schon seit vielen Jahren untersucht wird, ist bis heute vieles im Unklaren. Wir wissen, dass es sehr auf die sozialen Beziehungen der Tiere untereinander ankommt, ob die Tiere überhaupt bereit sind, miteinander zu kooperieren. Nur wenn die Tiere eine gute Beziehung haben, die durch eine gewisse Toleranz gegenüber dem Partner gekennzeichnet ist, besteht zumeist überhaupt die Möglichkeit, dass Tiere zusammenarbeiten. Ob Tiere zusammenarbeiten oder nicht, hängt also oft wahrscheinlich nicht nur mit ihren kognitiven Fähigkeiten zusammen, sondern kann auch allein durch die Art der Sozialbeziehung bestimmt werden. Wenn Tiere aber miteinander kooperieren, bleibt die Frage, was sie wirklich von dieser Kooperation verstehen. Ist es eine Kooperation in dem Sinne, wie wir Menschen sie verstehen – nämlich dass wir wissen, dass Kooperation mehr bedeutet, als nebeneinander herzuarbeiten? Menschen kommunizieren bei der Kooperation miteinander, um diese möglichst effektiv zu gestalten. Sie wissen nicht nur, dass der andere notwendig ist für die Kooperation, sondern auch, dass jeder – je nach individuellem Können – für eine bestimmte Rolle geeignet ist. Und je nach dem Partner und der jeweiligen Aufgabe können diese Rollen auch neu verteilt und dem Können der Partner angepasst werden. Wenn wir bei Tieren von Kooperation sprechen, meinen wir meist nicht Kooperation in diesem Sinne, sondern oft eher ein »Zusammenarbeiten« ohne ein großes Verständnis, was dieses Zusammenarbeiten eigentlich ausmacht und was es bewirkt. Ob Tiere mehr von dieser Zusammenarbeit verstehen, müssen weitere Experimente zeigen.

V

»Theory of Mind«: Was verstehen Tiere von der Gedankenwelt eines anderen Tieres?

In diesem Kapitel wird diskutiert, inwieweit Tiere ein Verständnis von unterschiedlichen visuellen Perspektiven, also Sichtweisen verschiedener Individuen haben können, inwieweit Sehen auch Wissen bedeutet und ob Tiere verstehen, dass Wissen von Individuum zu Individuum unterschiedlich sein kann.

Das Thema »Was wissen Tiere vom Wissen anderer?« ist ein Gebiet, in dem viele Fragen noch offen sind und in dem es eigentlich wenige eindeutige Ergebnisse gibt. Wir wissen, dass der erwachsene Mensch eine sogenannte »Theory of Mind« besitzt; das bedeutet, er ist sich darüber bewusst, dass andere Menschen intentionale, also zielgerichtete Lebewesen sind und ein bestimmtes Wissen sowie gewisse Auffassungen haben, die durchaus von den eigenen abweichen können. Interessanterweise ist dieses Verständnis nicht etwas, was der Mensch schon von Geburt an hat, sondern etwas, das sich erst langsam in den ersten Lebensjahren entwickelt. Wenn Kleinkinder ein Buch anschauen, verstehen sie nicht, dass andere, die nicht neben ihnen sitzen und die Buchseite sehen, nicht dasselbe sehen wie sie selbst. Sie nehmen an, dass alle anderen genau dieselbe Wahrnehmung haben und damit auch dasselbe Wissen. Ein erwachsener Mensch dagegen versteht den Sinn von: Ich weiß, dass Du weißt, was ich weiß, usw.

Beim Menschen entwickelt sich diese »Theory of Mind« in der Kindheit Schritt für Schritt über Jahre hinweg. Ein völliges Verständnis wird erst im Alter von etwa sieben Jahren erreicht (Baron-Cohen et al., 1985). Eine Hypothese argumentiert, dass es bestimmte Grundmechanismen gibt, die allen Fähigkeiten, die mit der »Theory of Mind« zusammenhängen, zugrunde liegen (Leslie et al., 2004). Die schrittweise Entwicklung der »Theory of Mind« bei Kindern hat allerdings andere Wissenschaftler dazu geführt zu vermuten, dass nicht ein einziger Mechanismus für diese Fähigkeit verantwortlich ist, sondern eine Reihe von Fähigkeiten (Stone & Gerrans, 2006). Könnten dann nicht einige dieser Fähigkeiten zumindest ansatzweise auch bei Tieren entwickelt sein?

Bekannt ist, dass Tiere im Allgemeinen sehr gut das Verhalten anderer beobachten. Eine komplexere Interpretation des Gesehenen im Sinne der »Theory of Mind« würde Tieren allerdings mehr Flexibilität in ihrem eigenen Verhalten ermöglichen, zum Beispiel durch das Vorausahnen von Handlungen anderer Tiere, durch das Annehmen verschiedener Rollen bei der Kooperation, durch die Täuschung anderer Tiere und auch dadurch, dass die unterschiedlichen Perspektiven anderer Tiere bei der Kommunikation und beim sozialen Lernen beachtet werden (Byrne & Whiten, 1988; Tomasello & Call, 1997).

Was verstehen Tiere von der Perspektive anderer Tiere?

Zu verstehen, dass die visuelle Perspektive und somit die Sicht und der Blickwinkel eines Individuums anders sein können als die eigenen, ist der erste Schritt zum Verständnis, dass andere Individuen eventuell auch andere Ideen haben. In diesem Sinne haben viele Psychologen und Verhaltensforscher untersucht, inwieweit Tiere etwas über die Sicht eines anderen Tieres verstehen. Versteht ein Tier, dass die Perspektive eines anderen Tieres anders als seine eigene ist, sollte es zum Beispiel dem Blick des anderen folgen. Dieses Verhalten wäre in vielen Fällen zweckmäßig, ermöglicht es doch, die Information zu nutzen, die das andere Tier über einen sich annähernden Feind oder auch über eine versteckte Futterquelle hat.

Hierzu gibt es inzwischen viele Studien mit verschiedenen Tierarten wie Affen, Raben, Ziegen und Katzen (Bugnyar et al., 2004; Emery et al., 1997; Tomasello et al., 1998; Kaminski et al., 2005; Ferrari et al., 2000), die zeigen, dass Tiere prinzipiell dem Blick anderer folgen können. Bei den entsprechenden Versuchen wurde meistens gewartet, bis ein bestimmtes Tier dem Wissenschaftler in die Augen sah, und dieser blickte dann zehn Sekunden lang entweder nach oben oder zur Seite. In der Kontrollsituation schaute der Wissenschaftler entweder an dem Tier vorbei oder auf den Boden vor dem Tier. Die Tiere reagierten meistens damit, dass sie in dieselbe Richtung wie der Wissenschaftler blickten (Abbildung V-1, S. 132).

In einigen Versuchen wurden tierische Artgenossen als Demonstratoren benutzt, die durch einen Hinweis – unsichtbar für das Versuchstier – zum Hochschauen animiert wurden. Viele Tierarten, die bis dato getestet wurden, folgen dem Blick und schauen auch hinauf, z. B. Rhesus-Affen (Emery et al., 1997), Schimpansen (Tomasello et al., 2001), Raben (Schlögl et al., in press) und Ziegen (Kaminski et al., 2005. In anderen Versuchen wollten die Wissenschaftler klären, ob Tiere auch in der Lage sind, dem Blick anderer um visuelle Barrieren herum zu folgen. Das heißt natürlich nicht, dass die Tiere lernen sollten, um die Ecke zu schauen. Vielmehr stellt sich bei diesen Versuchen die Frage, ob das Versuchstier versteht, dass es nicht sehen kann, was der tierische Demonstrator hinter der Barriere sieht. Versteht also das Versuchstier die Situation, wird es seine eigene Stellung verlassen und sich so positionieren, dass es auf die andere Seite der Barriere sehen kann. Mehrere Versuche haben gezeigt, dass Menschenaffen ebenso wie Raben zu solchem Verhalten in der Lage sind und sogar mehrmals ihre Position so ändern, dass sie hinter die Barriere schauen können (Bugnyar et al., 2004; Bräuer et al., 2005; Schlögl et al., 2007; Tomasello et al., 1999).

Abbildung V-1: Ein Rabe folgt dem Blick eines Artgenossen.

Verschiedenste Tierarten sind also in der Lage, dem Blick anderer zu folgen, aber was verstehen sie wirklich über den Sinn des Blickes anderer? Um dies zu untersuchen, haben Daniel Povinelli und seine Kollegen in den 90er-Jahren des letzten Jahrhunderts eine Reihe von Versuchen mit Schimpansen durchgeführt, um zu klären, ob diese verstehen, was »Sehen« wirklich bedeutet (Povinelli & Eddy, 1996).

Schimpansen betteln gerne beim Menschen um Nahrung und tun dies normalerweise mit ausgestreckter Hand. In einem Versuch wurden Schimpansen zwei Menschen gegenübergestellt, bei denen sie um Futter betteln durften. Der eine Mensch hatte einen Eimer auf der Schulter, der andere hatte einen Eimer über dem Kopf, konnte also nichts sehen! Die Schimpansen bettelten bei beiden, sie haben also nicht verstanden, dass es sinnlos ist, von einem Menschen zu betteln, der nichts, also auch die ausgestreckten Hände nicht sehen kann. In einer anderen Testsituation stand dagegen der eine Mensch mit dem Rücken, der andere normal, also frontal zum Schimpansen – in dieser Versuchssituation waren die Schimpansen durchaus in der Lage, zu unterscheiden, von welchem Menschen sie betteln mussten, um etwas zu bekommen. Diese Experimente haben gezeigt, dass Schimpansen wahrscheinlich durch Erfahrung gewisse Hinweise aufgenommen haben, die ihnen signalisieren, wann ein Mensch ihnen gegenüber aufmerksam (zu ihnen gedreht) ist und ihre Bettelhaltung erkennt. Sie haben aber nicht wirklich verstanden, wie die visuelle Wahrnehmung funktioniert.

Im Gegensatz zu Schimpansen, die zwar sehr eng mit uns verwandt, aber nicht Teil unserer Welt sind, sind die mit uns nicht verwandten Hunde gezüchtet und darauf trainiert, mit uns sehr eng zusammenzuleben und sich in unserer Welt zurechtzufinden. Aktuelle Studien haben gezeigt, dass Hunde während der Domestikation besondere Fähigkeiten entwickelt haben, die es ihnen ermöglichen, das Sozialverhalten und die Kommunikation des Menschen zu deuten (Viranyi et al., 2006; Szetei et al., 2003; Gacsi et al., 2004; Viranyi et al., 2004; Miklosi & Soproni, 2006). Sie sind zum Beispiel in der Lage, sowohl durch Zeigen als auch durch Augenbewegungen eines menschlichen Demonstrators ein Futterstück, das unter einem von zwei Containern versteckt ist, zu finden (Hare & Tomasello, 1999; Viranyi et al., 2004). Ähnlich wie Schimpansen wurden auch Hunde getestet, ob sie darauf achten, ob der Mensch wirklich etwas sehen kann, um einen richtigen Hinweis auf das Versteck des Futters zu geben. Und ähnlich wie bei den Schimpansen orientieren sich die Hunde auch eher an der Körperposition und der Richtung des Kopfes, also der Blickrichtung (Soproni et al., 2001).

Hunde sind allerdings in all diesen Tests, wo es um Kommunikation mit Menschen geht, etwas besser als Schimpansen. Um auszuschließen, dass diese bessere Leistung etwas mit der Sozialisierung der Hunde im Laufe ihres Lebens zu tun hat, wurden ähnliche Untersuchungen mit Hundewelpen gemacht (Hare et al., 2002). Die Ergebnisse haben gezeigt, dass auch Hundwelpen schon im Alter von wenigen Wochen in der Lage sind, kommunikative Zeichen des Menschen zu verstehen und zu deuten, um versteckte Leckerbissen oder Spielzeug zu finden. Diese Versuche lassen darauf schließen, dass diese Fähigkeiten beim Hund nicht durch Sozialisierung, sondern durch die Domestikation entstanden sind.

Tiere scheinen also in der Lage zu sein, die Blickrichtung eines anderen Individuums zu nutzen, um gewisse Informationen daraus abzuleiten. Sie haben aber nicht wirklich ein Verständnis, warum sie das tun. Auf der anderen Seite ist es auch sehr schwierig, diese Fragestellungen in einer für das Tier relevanten Situation zu testen. Vielleicht stellen wir einfach die falschen Fragen!

Täuschung!

Täuschung bedeutet, dass ein Individuum aufgrund von Informationen eines anderen Individuums eine Situation falsch beurteilt. Täuschung ist sehr eng verlinkt mit einem Verständnis darüber, was ein anderes Tier gesehen hat und was nicht, aber auch mit dem Verständnis, dass »Sehen« zu einem gewissen Grad auch »Wissen« bedeutet. Aus dem Freiland gibt es jede Menge Anekdoten, die vermuten lassen, dass zumindest einige Tierarten in der Lage sind, andere zu täuschen.

Zum Beispiel hat Hans Kummer beobachtet, wie sich ein Mantelpavian-Weibchen in einer sitzenden Position langsam, Zentimeter um Zentimeter, über 20 Minuten hinweg zu einem Felsbrocken hinüberschob, wo sie dann ein halbwüchsiges Männchen lauste – hätte das dominante Tier der Gruppe dies beobachtet, hätte es dies nie erlaubt (zitiert in Byrne & Whiten, 1988). Eine andere Anekdote von Frans de Waal (zitiert in Byrne & Whiten, 1988) erzählt, wie ein halbstarkes Pavianmännchen ein anderes, jüngeres Tier ärgerte, das daraufhin schrie. Als mehrere erwachsene Männchen kamen, um dem jüngeren Tier zu helfen, richtete sich der Halbstarke auf und blickte umher – ein typisches Verhalten für Paviane, wenn sie einen Feind entdeckt haben. Die anderen Männchen richteten sich daraufhin auch auf und schauten umher und vergaßen dabei völlig, den Halbstarken zu bestrafen! Die Forscher hatten keinen Feind gesehen, aber heißt das, dass auch wirklich keiner da war? Hat sich der Halbstarke tatsächlich überlegt, dass, wenn er sich jetzt aufrichtet und so tut, als wäre dort ein Feind, die anderen tatsächlich glauben, dass dort ein Feind sein könnte, sie sich dann umschauen und vergessen, ihn zu bestrafen? Das wäre eigentlich schon ein Verstehen auf hohem geistigen Niveau.

Allerdings gibt es viele solcher Geschichten – Richard Byrne und Andrew Whiten haben über 100 solcher Berichte zusammengetragen (Byrne & Whiten, 1990). Aber inwieweit ist es wirklich eine Täuschung, und inwieweit verstehen die Tiere, was sie da tun? Wie viel von dem Verhalten wurde einfach durch Erfahrung in einem anderen Kontext, durch einfaches assoziatives Lernen angeeignet? Diese Fragen kann man nur mit Experimenten überprüfen, nicht mit Beobachtungen. Letzteres ist schon deshalb nicht möglich, weil solche Verhaltensweisen natürlich relativ selten sind: Wer zu oft täuscht, dem glaubt keiner mehr.

Einige wenige Wissenschaftler haben bisher versucht, Täuschung unter Laborbedingungen zu untersuchen. Ein Experiment wurde mit Schimpansen durchgeführt (Woodruff & Premack, 1979): Die Schimpansen konnten beobachten, wie ein Stück Futter unter einem von zwei für sie unerreichbaren Containern von einem Assistenten versteckt wurde. Nachdem der Assistent den Raum verlassen hatte, kam einer von zwei Trainern herein. Der eine Trainer hatte die Rolle des »netten, kooperativen« Partners, während der andere Trainer, der »böse, unkooperative« war. Betrat der »nette« Trainer den Raum und zeigten ihm die Schimpansen, in welchem der beiden Container das Futter versteckt war, gab er es ihnen als Belohnung. Kam jedoch der »böse« Trainer, erhielten die Schimpansen das Futter nicht und sie gingen leer aus, obwohl sie den korrekten Container angezeigt hatten. In der Situation mit dem »bösen« Trainer bekamen die Schimpansen nur dann das Futter, wenn sie ihn täuschten und auf den leeren Container zeigten. Zumindest einige der Schimpansen waren in der Lage, den »Bösen« zu täuschen und so auch von ihm Futter zu bekommen. Allerdings mussten viele, viele Versuche durchgeführt werden, bis sie diese Täuschung durchführten. Das lässt vermuten, dass sie durch assoziatives Lernen begriffen haben, dass bei dem kooperativen, »netten« Trainer einfach eine bestimmte Handlung zum Ziel führt und bei dem nicht kooperativen, »bösen« Trainer eben eine andere Handlung. Dieses Verhalten ist nicht ganz so überraschend und weist nicht unbedingt darauf hin, dass die Tiere den Sinn von Täuschungen tatsächlich verstanden haben.

Verstehen Tiere, dass andere Tiere ein anderes Wissen haben als sie selber?

Um zu testen, ob Kinder verstehen, was ein anderer Mensch weiß, haben Baron-Cohen und Kollegen (Baron-Cohen et al., 1985) basierend auf einem Versuchsdesign von Wimmer & Perner (1983) den Sally-Ann-Test erfunden. Dieser Test wird oft in der Art einer kleinen Geschichte im Spielkontext durchgeführt: Das Versuchskind sitzt an einem Tisch und schaut zwei Marionetten, Sally und Ann, zu, die von den Wissenschaftlern bewegt werden. Sally hat eine Murmel, die sie in einen kleinen Korb legt, bevor sie den Raum verlässt. Während Sally draußen ist, nimmt Ann die Murmel aus dem Korb und

*Abbildung III-2:
Die Weimaranerin Joy
hat den »Do as I do«-
Befehl gelernt:
Zuerst heißt es
aufpassen:
»Joy Aufpassen!«*

*Die Besitzerin
Andrea macht vor,
wie sie auf einen
kleinen Tisch
steigt.*

*Nachdem Andrea
Joy gesagt hat:
»Do it«, macht
Joy nach,
was Andrea ihr
gerade gezeigt hat.*

Abbildung III-4: Die Border-Collie-Hündin Guinness zeigt vor, wie der Holzstab mit der Pfote heruntergedrückt wird, mit einem Ball im Maul (oben) und ohne Ball im Maul (unten).

*Weißbüschelaffen,
die die Box öffnen.*

*Abbildung III-5: Push/
Pull-Box. Die Tiere kön-
nen durch Drücken oder
Ziehen der Schwingtüre
an die Futterstücke in
der Box gelangen. Da-
mit das Futter nicht
wegrutscht, wurde eine
schiefe Ebene eingezo-
gen (Pesendorfer et al.,
2009). Durch die Öff-
nung auf der Oberseite
der Box kann das Futter
nachgefüllt werden. Diese
Apparatur wurde auch
schon von Bugnyar &
Huber (1997) verwen-
det, um Imitation bei
Weißbüschelaffen nach-
zuweisen.*

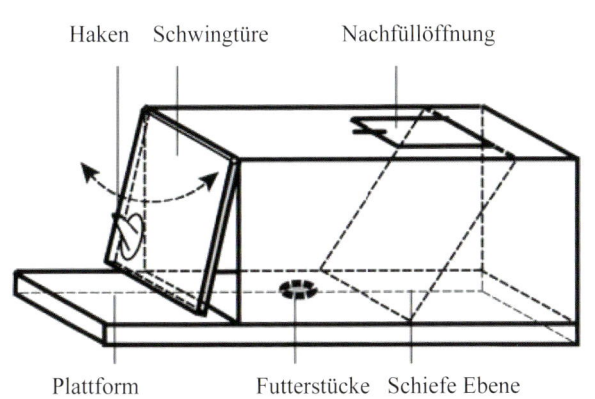

Haken　Schwingtüre　　Nachfüllöffnung

Plattform　　　Futterstücke　Schiefe Ebene

Abbildung IV-1: Wölfe bei der Kooperation beim Jagen in Wolfpark, Indiana, USA.

Abbildung IV-3: Ein Erdmännchen auf der Wacht.

Abbildung IV-7: Die Gesichter von Rauchgrauen Mangaben – so unterschiedlich wie Sie und ich. Angefangen von oben links nach rechts: Brille, Dora, Ronda, Arno und Anne, Pit, Regina, Frank, Teddy und Oulu.

Abbildung VI-3: Die Kaledonische Krähe Betty zieht mithilfe eines Hakens einen kleinen Eimer aus einem durchsichtigen Gefäß.

Abbildung VI-5: Schimpansen benützen Werkzeuge wie diesen Ast, um z. B. an Termiten heranzukommen.

versteckt sie in einer Schachtel. Nun kommt Sally zurück und das Versuchskind wird gefragt, wo Sally nach der Murmel suchen wird. Ältere Versuchskinder antworten auf diese Frage, Sally werde in dem Korb nachschauen. Natürlich wissen diese Kinder, dass die Murmel nicht mehr im Korb ist, sie wissen aber auch, dass Sally das nicht wissen kann, weil sie nicht sehen konnte, dass Ann die Murmel in der Schachtel versteckt hat. Die älteren Kinder können also zwischen ihrem eigenen Wissen und dem Wissen von Sally unterscheiden. Jüngere Kinder können diese Unterscheidung jedoch noch nicht treffen und antworten auf die Frage, wo Sally nach der Murmel suchen wird: In der Schachtel!

Mit Liszt-Affen (*Saguinus oedipus*) und zweijährigen Kindern wurde der Sally-Ann-Test von Hauser (1998) durchgeführt, allerdings mit kleinen Abänderungen: Die Tiere und Kinder konnten beobachten, wie eine Versuchsperson zusah, wo ein Objekt versteckt wurde. Nachdem eine blickdichte Scheibe heruntergelassen wurde, konnte im Gegensatz zum Affen beziehungsweise zum Kind die Versuchsperson nicht sehen, dass das Objekt von einer anderen Person an einer anderen Stelle versteckt wurde. Nachdem die Scheibe wieder entfernt war, blickte die Versuchsperson entweder auf die Stelle, an der das Objekt vorher versteckt war – also die Stelle, wo nach seinem Wissensstand das Objekt sein sollte –, oder aber zu der neuen, ihm zwar bekannten Versteckstelle, die er aber nach dem Wissen der Affen und Kinder eigentlich nicht kennen konnte. Gemessen wurde dann, wie lange die Affen beziehungsweise die Kinder in den beiden Situation zu den beiden Versteckstellen blickten. Hauser nahm an, dass in dem Fall, in dem die Versuchsperson zu dem neuen Versteck schaute, die Affen und Kinder überrascht sein und eigentlich länger schauen sollten, wenn sie verstünden, dass die Person ja eigentlich nicht wissen konnte, dass das Objekt verschoben wurde. Dagegen wäre es weniger überraschend für die Kinder und die Affen, wenn der Mensch dorthin schaute, wo nach seinem Wissen das Objekt versteckt sein sollte. Die Tiere und Kinder haben tatsächlich länger geschaut, wenn der Mensch zu dem neuen Versteck geblickt hat – ein Ergebnis, das Hausers Annahme bestätigt hat und von ihm als positiv gewertet wurde: Affen und auch Kleinkinder verstehen etwas über den Wissensstand anderer.

Allerdings sind diese Ergebnisse nicht unumstritten, denn bisher gibt es kaum ein anderes Experiment, das zu vergleichbaren Schlussfolgerungen geführt hat, also zu Ergebnissen, die nicht auch einfach durch Lernen erklärt werden können.

Bei anderen Experimenten dürfen die Versuchstiere, z. B. Schimpansen, zuschauen, wie ein Wissenschaftler im Beisein eines anderen ein Stück Futter versteckt. Anschließend wird der »Verstecker« gegen einen neuen, »nicht wissenden« Menschen ausgetauscht. Der Schimpanse hat dann die Wahl, einen der beiden Wissenschaftler – den wissenden oder den nichtwissenden – um das Futter zu bitten. Nach vielen Versuchen können die meisten Schimpansen zwischen den beiden Wissenschaftlern unterscheiden und fordern nur noch von dem das Futter, der wirklich beim Verstecken dabei war und das Versteck daher kennt. Da es aber lange dauert, bis die Tiere richtig wählen, ist es sehr wahrscheinlich, dass sie lernen, wen sie bitten müssen, und kein Verständnis darüber haben, was der eine oder andere weiß bzw. nicht weiß.

Im Großen und Ganzen gibt es also noch sehr viele offene Fragen zu dem Thema, was Tiere von der Gedankenwelt anderer verstehen. Was wir wissen, ist, dass solch ein Verständnis das Verhalten von Tieren im sozialen Bereich flexibler und effektiver machen würde. Oft ist aber auch die sehr genaue Beobachtung von anderen ausreichend, um gute Ideen für die eigene nächste Handlung zu erhalten – und hierbei sind die meisten sozialen Tiere definitiv Experten. Denken Sie nur an Ihren Hund, der meistens schon vor der Tür steht, bevor man überhaupt genau weiß, dass man jetzt rausgehen wird!

Im Folgenden werden noch zwei Studien vorgestellt, die zumindest hoffen lassen, dass es zu diesem Themenkomplex irgendwann ein paar definitive Antworten geben wird.

146

Ich sehe was, was Du nicht siehst – was verstehen Schimpansen von der Perspektive eines anderen Schimpansen?

Da viele Studien zur Frage, ob ein Tier weiß, was ein anderes Tier weiß, keine eindeutigen Ergebnisse gezeigt haben, wollten Brian Hare und Michael Tomasello zuerst einmal testen, ob Schimpansen überhaupt verstehen, was andere Schimpansen *sehen* können und was nicht (Hare et al., 2000). Wie schon oben gezeigt, lassen Anekdoten vermuten, dass Schimpansen ein gewisses Verständnis vom Sehen haben. So schildert ein Bericht von Frans de Waal (Waal de, 1982), dass Schimpansen manchmal aktiv versuchen, ihre Grimassen mit den Händen zu verbergen. Wenn sie zum Beispiel Angst haben und eine sogenannte »Angstgrimasse« (Abbildung V-2) zeigen, halten sie sich die Hände vor das Gesicht – vermutlich um ihre Emotionen vor ihren Artgenossen zu verbergen. Aber Anekdoten sind bekanntlich keine Fakten, und so ist es Aufgabe der Wissenschaftler, Experimente zu entwerfen, mit denen man solche Phänomene testen kann.

Abbildung V-2: Angstgrimasse bei einem Pavian.

Für die meisten Experimente, die sich bis dato mit dieser Fragestellung auseinandergesetzt haben, wurde ein kooperativer Versuchsaufbau gewählt, zum Beispiel musste ein Affe einen Wissenschaftler um Futter bitten (wie weiter oben beschrieben). Aber Schimpansen und die meisten anderen Affenarten sowie auch Menschen sind nicht wirklich sehr kooperativ, sondern oft eher konkurrenzbetont. So kommt es beispielsweise im Freiland kaum vor, dass ein Affe dem anderen bewusst zeigt, wo es etwas Tolles zu fressen gibt, vor allem nicht, wenn von dem tollen Fressen nur eine Portion da ist! Hare und Kollegen haben sich daher einen Versuchsaufbau überlegt, der auf Konkurrenz und nicht auf Kooperation basiert. Außerdem haben sie im Gegensatz zu vielen anderen Studien untersucht, ob in ihrem Experiment Schimpansen verstehen, was einerseits andere Schimpansen sehen und was andererseits Menschen nicht sehen. Ein kleiner, aber vielleicht bedeutender Unterschied, da Artgenossen und Gruppenmitglieder sicherlich eine andere Bedeutung haben als ein Mensch.

In einem ersten Schritt bestimmten die Forscher die Dominanzbeziehungen zwischen jeweils zwei Schimpansen. Dazu wurde im gleichen Abstand zu zwei Tieren ein Stück Futter auf den Boden gelegt und beobachtet, welches von den beiden Tieren das Stück Futter bekam. Diese Versuche wurden mehrmals in verschiedenen Situationen wiederholt, bis eindeutig klar war, wer von jedem Schimpansenpaar das dominante und wer das subdominante Tier war. Laut Definition hat nämlich das dominante Tier Zugang zum Futter.

Bei der ersten konkreten Versuchsreihe wurden in den Gehegen vier Käfige platziert, die durch blickdichte Wände mit Falltüren voneinander getrennt waren. Am Anfang jedes Experimentes befand sich der dominante Schimpanse in Käfig 1 und der subdominante in Käfig 4, die Türen zwischen den vier Käfigen waren geschlossen, sodass die Tiere nicht sehen konnten, wie die Wissenschaftler in den mittleren Käfigen (2 und 3) Bananen versteckten. Jedes Schimpansenpaar wurde in drei Situationen getestet (Abbildung V-3):

148

Situation 1: Eine Banane lag in der Türöffnung zwischen Käfig 2 und 3 – also im gleichen Abstand zu den beiden Schimpansen – und konnte von beiden Tieren gesehen werden. Die zweite Banane war in Käfig 2 vor der Wand zu Käfig 3 so versteckt, dass das dominante Tier in Käfig 1 die Banane zwar sehen konnte, das subdominante in Käfig 4 aber nicht.

Situation 2: Beide Bananen lagen in der Türöffnung zwischen Käfig 2 und 3 – also im gleichen Abstand von beiden Schimpansen.

Situation 3: Eine Banane lag in der Türöffnung zwischen Käfig 2 und 3 – also wiederum für beide Schimpansen gleich weit entfernt. Die zweite Banane war in Käfig 3 vor der Wand zu Käfig 2 so versteckt, dass das subdominante Tier in Käfig 4 die Banane zwar sehen konnte, das dominante in Käfig 1 aber nicht.

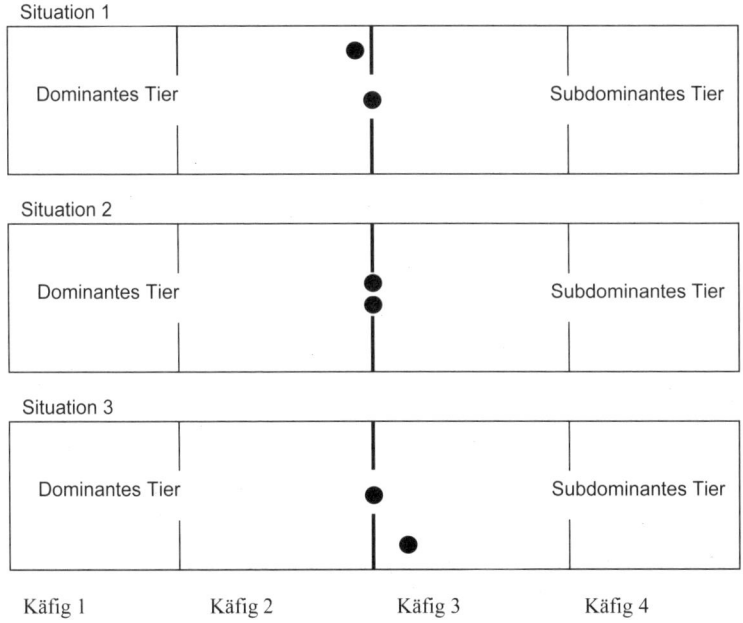

Abbildung V-3: Versuchsaufbau der ersten Versuchsreihe (vereinfachte Darstellung aus Hare et al., 2000).

Die Annahme bei diesem Experiment war, dass das subdominante Tier in Situation 3 direkt zu der Banane gehen würde, die in Käfig 3 so versteckt war, dass sie von dem dominanten Tier nicht gesehen werden konnte. Nachdem die Bananen versteckt waren, wurden die beiden Falltüren zu den äußeren Käfigen 1 und 4 simultan jeweils 15 Zentimeter nach oben gezogen, sodass die Schimpansen durch die entstandenen Öffnungen in die Testräume sehen konnten. Nach fünf Sekunden wurden die Falltüren dann komplett hochgezogen, um den Schimpansen Zugang zu den Testkäfigen 2 und 3 und somit zu den Bananen zu gewähren.

Die Ergebnisse zeigten, dass das subdominante Tier sich fast immer nur die Bananen nahm, die in Käfig 3 so versteckt waren, dass sie für das dominante Tier nicht sichtbar waren. Es nahm jedoch nicht die Bananen, die auch von dem dominanten Tier gesehen wurden. Das dominante Tier dagegen nahm fast immer alle Bananen, die es sah, also die in Käfig 2 und auch die in der Türöffnung.

Aber bedeutet das, dass die Tiere wissen, was ihr Gegner sehen bzw. nicht sehen kann? Der erste Gedanke ist, dass das subdominante Tier in der dritten Situation zuerst die Banane genommen hat, die außer Sichtweite des dominanten Tieres war, weil es verstanden hat, dass das dominante Tier diese ja nicht sehen kann. Und dass es deshalb auch nicht die Banane in der Türöffnung nimmt, weil es weiß, dass auch das dominante Tier sie sehen kann, und weil es einer Konfrontation aus dem Weg gehen will. Andererseits ist es aber auch vorstellbar, dass das subdominante Tier zuerst zu der Banane geht, die etwas näher bei ihm liegt (vor der Wand), und dass es keine Ahnung hat, was das dominante Tier sieht bzw. nicht sieht.

Ähnlich könnte man das Verhalten des dominanten Tieres erklären. Eine weitere Erklärung, warum das subdominante Tier in Situation 3 zu der Banane hinter der Wand geht, wäre, dass es das dominante Tier – den Gegner – nicht mehr sehen muss (»Aus den Augen, aus dem Sinn«). Um diese alternative Erklärung auszuschließen, wurde ein weiteres Experiment durchgeführt.

In der zweiten Versuchsreihe wurden nur drei Käfige benutzt. In der Ausgangssituation war der dominante Schimpanse in Käfig 1 und der subdominante in Käfig 3 untergebracht. Das Futter wurde im mittleren Käfig versteckt. Alle Futterstücke hatten den gleichen Abstand zu den beiden Tieren und unterschieden sich nur in der Sichtbarkeit. Ein weiterer Unterschied war, dass das subdominante Tier beim Verstecken des Futters zusehen durfte, während die Tür zum Käfig des dominanten Tieres geschlossen war. Um drei mit der ersten Versuchsreihe vergleichbare Situationen zu schaffen, wurde als Versteck ein Autoreifen benutzt:

Situation 1: Eine Banane lag so auf dem Autoreifen, dass beide Tiere sie sehen konnten. Die zweite Banane wurde so im Inneren des Reifens versteckt, dass sie für beide Tiere nicht sichtbar war. Da das subdominante Tier allerdings beim Verstecken zusehen durfte, wusste es theoretisch, wo die Banane versteckt war.

Situation 2: Eine Banane war für beide Tiere sichtbar auf der einen Seite des Käfigs ausgelegt. Die zweite Banane lag durch den Autoreifen verdeckt auf der anderen Seite des Käfigs, sodass das dominante Tier die Banane nicht sehen konnte.

Situation 3: Beide Bananen lagen für beide Tiere sichtbar auf dem Autoreifen.

Die Bananen hatten jeweils denselben Abstand zu den beiden Tieren.

Wie bereits oben gesagt, konnte das subdominante Tier das Verstecken der Bananen beobachten. Das dominante Tier konnte für jeweils fünf Sekunden durch die etwas geöffnete Tür die Situation betrachten. Zu Beginn des Experimentes wurden beide Türen simultan ganz geöffnet und den beiden Schimpansen Zugang zum mittleren Käfig ermöglicht.

Da das subdominante Tier das Verstecken der Bananen beobachtet hatte, konnte es in ungefähr 50 Prozent der Versuche das versteckte Futter erobern. Bei den Versuchen, bei denen die Bananen auch für das dominante Tier sichtbar waren, konnte das subdominante Tier nur in etwa zehn Prozent der Versuche an die Bananen kommen (Abbildung V-4). Lustigerweise verhielten sich die subdominanten Tiere hin und wieder recht intelligent, indem sie das versteckte Futter oft erst dann nahmen, wenn das dominante Tier sich etwas von ihnen entfernt hatte.

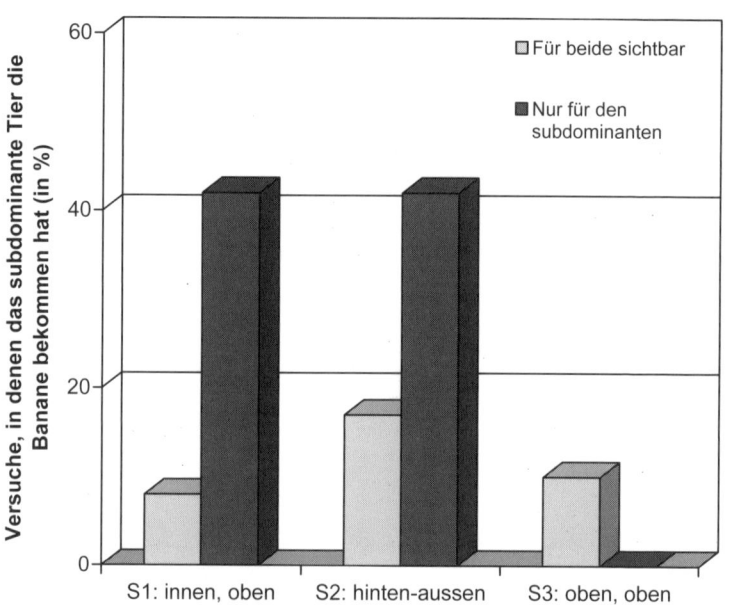

Abbildung V-4: Ergebnis der zweiten Versuchsreihe: In Situation 1 (S1) lag eine Banane so auf dem Autoreifen, dass beide Tiere sie sehen konnten. Die zweite Banane wurde so im Inneren des Reifens versteckt, dass sie für beide Tiere nicht sichtbar war. In Situation 2 (S2) war eine Banane für beide Tiere sichtbar auf der einen Seite des Käfigs ausgelegt. Die zweite Banane lag durch den Autoreifen verdeckt auf der anderen Seite des Käfigs, sodass das dominante Tier die Banane nicht sehen konnte. In Situation 3 waren beide Bananen für beide Tiere sichtbar oben auf dem Autoreifen ausgelegt.

Diese Ergebnisse lassen darauf schließen, dass Schimpansen wirklich wissen, was der andere sieht bzw. nicht sieht. Oder gibt es noch eine andere Erklärung? Wir haben inzwischen sehr viel darüber erfahren, wie genau Tiere auf die Bewegungen anderer Tiere oder auch der mit ihnen arbeitenden Wissenschaftler achten. Eine Erklärung für die Ergebnisse der zweiten Versuchsreihe wäre daher, dass die subdominanten Tiere eigentlich nur darauf geachtet haben, wo das dominante Tier hinsah. Es ist wahrscheinlich, dass das dominante Tier nur zu den für es sichtbaren Bananen geschaut hatte. Wenn das subdominante Tier also einfach vermieden hat, dort hinzugehen, wo das dominante Tier hingeschaut hatte, würden wir immer noch zu derselben Erklärung für sein Verhalten kommen.

In einer weiteren Versuchsreihe haben Hare und Kollegen den subdominanten Tieren einen kleinen Vorsprung gegeben – sie mussten sich die Bananen nehmen, bevor das dominante Tier diese gesehen hatte. In einer weiteren Situation waren beide Bananen nur für das subdominante Tier sichtbar. Die Ergebnisse dieser Experimente haben die vorigen bestätigt, nämlich dass die subdominanten Tiere mehr Bananen erobern, wenn diese nicht für das dominante Tier sichtbar sind, und dass eine Präferenz besteht, zuerst zu den für den Gegner versteckten Bananen zu gehen.

Ein weiterer Kontrollversuch mit einer durchsichtigen Barriere zeigte, dass die Schimpansen in dieser Situation keine Präferenz für die »versteckten« Bananen zeigten, also ein gutes Verständnis über die Eigenschaften der Sichthindernisse hatten.

Schimpansen scheinen also zu wissen, was ihre Artgenossen sehen und was diese nicht sehen können. Dies steht im Gegensatz zu Kapuzineraffen, die bei denselben Versuchen negativ abgeschnitten haben (Hare et al., 2003). Aber bedeutet das auch, dass Schimpansen wissen, was der Artgenosse *weiß* (oder eben nicht weiß)?

In weiteren Experimenten mit demselben experimentellen Aufbau sind Hare und Kollegen auch dieser Frage nachgegangen (Hare et al., 2001). So haben sie zum Beispiel untersucht, wie ein subdominantes Tier sich verhält, wenn es gesehen hat, dass

1. das dominante Tier beobachten konnte, wie ein Stück Futter auf der Seite des Subdominanten hinter einer von zwei Barrieren versteckt wurde. Das dominante Tier wusste also, wo die Banane zu finden war;
2. das dominante Tier nicht zusehen durfte, wo das Futter versteckt wurde, also unwissend war;

Die Ergebnisse zu diesen Versuchen haben gezeigt, dass die subdominanten Tiere viel mehr Futter bekamen und auch eher zur Banane gingen, wenn das dominante Tier nicht über das Versteck informiert war. Weiters wurde getestet, wie sich die subdominanten Tiere verhalten, wenn sie sehen, dass

3. das dominante Tier beobachten durfte, wie ein Stück Futter auf der Seite des Subdominanten hinter einer von zwei Barrieren versteckt wurde. Danach wurde das Stück Futter hinter der anderen Barriere versteckt, was aber vom dominanten Tier nicht beobachtet werden konnte. Das dominante Tier war also nicht richtig informiert;
4. das dominante Tier beobachten durfte, wie ein Stück Futter auf der Seite des Subdominanten hinter einer von zwei Barrieren und dann einige Sekunden später hinter der anderen Barriere versteckt wurde. Das dominante Tier war also richtig informiert.

Und wieder verhielten sich die subdominanten Tiere so, als würden sie verstehen, was die dominanten Tiere wissen bzw. nicht wissen. Sie haben also mehr Futter bekommen, wenn das dominante Tier nicht richtig informiert war.

In einem weiteren Experiment haben Hare und Kollegen untersucht, ob das subdominante Tier wirklich genau darauf achtete, wer eigentlich das Verstecken des Futters beobachtet hat. Dazu haben sie das dominante Tier nach dem Beobachten gegen ein anderes dominantes, aber unwissendes Tier ausgetauscht. Das subdominante Tier konnte also beobachten, wie Tier A sieht, wo die Banane versteckt wurde, musste dann aber mit dem unwissenden Tier B um die Banane konkurrieren. Im Kontrollversuch wurde Tier A nicht ausgetauscht – der Konkurrent für das subdominante Tier war also in letzterem Fall über das Versteck der Banane informiert. Und wieder haben die Tiere gezeigt, dass sie zumindest in dieser speziellen Situation eine gute Idee hatten, wer was wusste: Die subdominanten Tiere eroberten mehr Futter, wenn der wissende Gegner gegen einen unwissenden Gegner ausgetauscht worden war!

In einem letzten Versuch sollte geklärt werden, ob die subdominanten Tiere auch darauf achteten, über welche von zwei versteckten Bananen die dominanten Tiere informiert wurden. Hier allerdings scheiterten die Schimpansen, sie konnten das Problem nicht mehr lösen.

Die Ergebnisse zeigen uns, dass Schimpansen anscheinend wirklich in der Lage sind, in verschiedenen Situationen darauf zu achten, was die Konkurrenz gesehen hat und was sie weiß. Allerdings ist das Verhalten auch sehr stark von der spezifischen Situation abhängig. Zum Beispiel versuchte eine zweite Gruppe von Forschern, die Ergebnisse zu wiederholen, und ist daran gescheitert (Karin-D'Arcy & Povinelli, 2002). Wie sich später herausstellte, lag das an der Größe der Käfige, die für die Experimente benutzt wurden – sie waren zu klein. Aber es ist bis heute noch nicht gelungen, ähnliche Ergebnisse wie die von Hare und Kollegen mit einem anderen Versuchsaufbau zu erzielen. Dies kann natürlich verschiedene Ursachen haben: Zum einen ist es schwierig, einen Versuch zu entwickeln, bei dem die Tiere ihr Wissen wirklich kundtun; zum anderen ist das »Wissen« der Tiere sehr spezifisch und nur in bestimmten Situationen vorhanden und zugänglich.

Wie Du mir, so ich Dir: Klauen und Versteckspiel bei Raben

Jeder kennt Raben und jeder von uns hat schon einmal eine Geschichte über die unglaubliche Intelligenz dieser Tiere gehört. Aber was stimmt an diesen Geschichten wirklich? Studien in den letzten

Jahren haben gezeigt, dass Raben durchaus sehr komplexe Beziehungen miteinander bilden, die von festen Partnerbeziehungen über Verwandtschaftsbeziehungen bis hin zu Freundschaften reichen (Heinrich, 1999). Bei der Suche nach Nahrung gibt es zum einen sehr viel Kooperation zwischen den Tieren, zum anderen aber auch sehr viel Konkurrenz sowohl mit Artgenossen als auch mit Feinden, was wohl auch dazu geführt hat, dass Raben oft Futter verstecken, um dieses dann später in Ruhe zu fressen (Heinrich, 1999).

Raben sind Opportunisten, die hauptsächlich vom Jagderfolg anderer leben. Wenn also ein Bär, ein Wolf oder auch ein Mensch ein Tier erlegt hat, dauert es oft nicht lang und die ersten Raben tanzen an. Dadurch, dass sie dann versuchen, Futter zu klauen, kommen sie natürlich in einen gewissen Konflikt mit dem Jäger, der die Beute erlegt hat, aber auch mit Artgenossen, die ebenfalls so viel wie möglich von der Beute haben wollen (Bugnyar & Kotrschal, 2002a). Andererseits sind gerade die Artgenossen auch oft sehr hilfreich, wenn es darum geht, Zugang zu der zu verteidigenden Beute zu bekommen (Marzluff & Heinrich, 1991). Dieses Verhalten führt dazu, dass Raben oft nicht sehr viel an Ort und Stelle fressen, sondern so viel wie möglich von der Nahrungsquelle in nahe gelegene Verstecke in Sicherheit bringen. Raben haben ein sehr gutes Gedächtnis für diese Verstecke und können sie auch noch nach mehreren Tagen wiederfinden (Heinrich & Pepper, 1998). Interessanterweise räumen Raben aber nicht nur ihre eigenen Verstecke aus, sondern auch die von Artgenossen, wenn sie diese beim Verstecken beobachten konnten! Das Klauen der Nahrung, die andere versteckt haben, ist vor allem für Tiere, die keine besonders hohe Rangposition haben, eine gute Alternative – denn diese Vögel haben es wahrscheinlich sonst schwer, viel von der Beute zu erobern.

Wenn aber Raben oft die Verstecke von anderen plündern, würde man erwarten, dass ein Rabe, der Futter versteckt, genau aufpasst, dass er nicht beim Verstecken beobachtet wird – das war der Ausgangspunkt für die Forschungen von Thomas Bugnyar und Kollegen, die in vielen Experimenten versuchten herauszufinden, ob die Verstecker wissen, dass sie beobachtet werden, und was sie dagegen tun. Die ersten Ergebnisse haben gezeigt, dass Raben eine Reihe von Strategien anwenden, um zu vermeiden, dass andere Raben ihre Verstecke plündern:

1. Wenn ein Rabe beobachtet wird, wie er ein Stück Nahrung zu verstecken beginnt, und wenn er das bemerkt, gräbt er die Nahrung oft wieder aus und versteckt sie an einer anderen Stelle, sobald der Beobachter verschwunden ist (Bugnyar & Kotrschal, 2002b).
2. Eine andere Strategie ist, dass die Raben die Nahrung schneller im Boden verstecken und auch schneller verschiedene Verstecke anlegen (Heinrich & Pepper, 1998).
3. Es kann auch durchaus passieren, dass Raben »falsche« Verstecke anlegen, in denen sie nicht wirklich etwas verstecken (Heinrich, 1999).
4. Raben versuchen größere Gegenstände wie Steine zu benutzen, um dahinter, außer Sichtweite der Konkurrenz, das Futter zu verstecken (Bugnyar & Kotrschal, 2002b).
5. Und letztendlich versuchen sie auch, ihre Verstecke gegen Plünderer zu verteidigen (Bugnyar & Kotrschal, 2002b).

Plünderer verhalten sich aber auch oft so, dass sie nicht von dem versteckenden Tier gesehen werden, oder so, als wären sie nicht wirklich an dem Versteck interessiert. Zum Beispiel beobachten sie die Verstecker aus einer gewissen Distanz und kommen erst näher, sobald sich der Verstecker entfernt hat. Die Plünderer suchen auch oft in Sichtweite des Verstreckers an Stellen, an denen eigentlich nichts vergraben ist, und fliegen weg, um später, wenn der Verstecker sich entfernt hat, wiederzukommen (Bugnyar & Kotrschal, 2002a).

Diese sehr unterschiedlichen Taktiken lassen vermuten, dass Raben ein gewisses Verständnis zumindest über die Perspektive, über die Sichtweise des anderen haben, vielleicht sogar über dessen Wissen. Um das genauer zu untersuchen, hat Thomas Bugnyar zusammen mit Bernd Heinrich ein interessantes Experiment zur »Perspektive des Verstreckers und des Plünderers« entworfen (Bugnyar & Heinrich, 2005).

Die Perspektive des Versteckers

Während ein Rabe die Gelegenheit hatte, drei Stück Futter in einem Raum mit Sandboden zu verstecken, waren zwei Raben in zwei Nachbarräumen untergebracht, von denen man theoretisch durch ein Fenster das Verstecken beobachten konnte. Der Verstecker konnte die beobachtenden Raben sehen. Allerdings wurde immer nur einem der beiden Raben erlaubt, beim Verstecken zuzusehen. Der Blick des anderen Raben war durch einen blickdichten Vorhang blockiert (Abbildung V-5). Obwohl dieser zweite Rabe den Verstecker nicht beobachten konnte, hatte er immerhin visuellen Kontakt mit dem dritten, dem beobachtenden Raben.

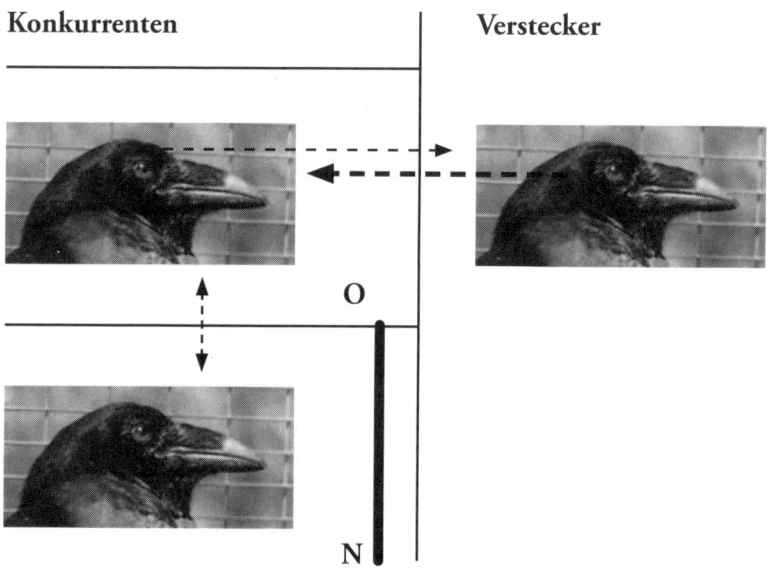

Abbildung V-5: Versuchsaufbau: N = nicht beobachtender Rabe, O = beobachtender Rabe.

Nachdem das Futter versteckt war, musste der Verstecker seinen Raum verlassen. Nach fünf Minuten konnten die Raben in zwei Situationen mit dem Futtersuchen beginnen. In einer von zwei Situationen (mit oder ohne Konkurrenz) konnten sie zehn Minuten lang suchen. Folgende Kombinationen wurden getestet:

Situation 1: Der Verstecker, der Beobachter und der Nicht-Beobachter durften alleine, ohne Konkurrenz, nach dem versteckten Futter suchen.

Situation 2: Der Verstecker durfte zusammen mit einem Beobachter nach dem Futter suchen.

Situation 3: Der Verstecker durfte zusammen mit dem Nicht-Beobachter nach dem Futter suchen.

Die Ergebnisse haben gezeigt, dass die Verstecker recht gut wussten, wer sie beim Verstecken wirklich beobachtet hat – sie haben nämlich ihre Verstecke schneller ausgeräumt, wenn sie zusammen mit dem Beobachter nach dem Futter suchten, als wenn sie mit dem Nicht-Beobachter suchten. Und dass die Beobachter eine echte Konkurrenz darstellten, zeigte sich, da diese, wenn sie alleine nach dem Futter suchen durften, tatsächlich mehr Futter als die Nicht-Beobachter fanden. Interessanterweise konnte auch gezeigt werden, dass die Beobachter und die Nicht-Beobachter in der Konkurrenzsituation mit dem Verstecker sich nicht im Verhalten unterschieden: Auch der Beobachter, der ja wusste, wo die Verstecke waren, ging nicht direkt auf diese zu, sondern suchte an verschiedenen Stellen. Ganz im Gegensatz dazu ging er, wenn er alleine nach dem Futter suchen durfte, direkt zu den Verstecken, um dort zu suchen. Die Ergebnisse zeigen also, dass ein Rabe ein gutes Verständnis hat, wer ihm beim Verstecken zugesehen hat, und dass er sich dementsprechend verhält. Er verbirgt die Information, die er hat, was man als eine Art von Täuschung sehen könnte. Dies tut er auch, wenn ein möglicher Plünderer sich nicht auffällig verhält. Auf der anderen Seite lässt das Verhalten der möglichen Plünderer auch darauf schließen, dass diese ein gewisses Verständnis vom Verhalten des Versteckers haben.

Die Perspektive des Plünderers

Wenn ein Rabe plündert, sollte er in Betracht ziehen, ob mögliche Konkurrenten gesehen haben, wie ein Versteck angelegt wurde. Wenn die Konkurrenz dominant ist, aber unwissend in Bezug auf die Stelle des Verstecks, wäre es unklug, direkt zum Versteck zu gehen – denn das dominante Tier kann einen schnell davontreiben und das Versteck für sich selbst plündern. Wenn die Konkurrenz allerdings auch gesehen hat, wie das Futter versteckt wurde, ist der einzige Weg, um erfolgreich zu sein, als Erster am Versteck zu sein. Um dies zu überprüfen, duften die Raben ein Versteck plündern, das von einem Menschen in ihrem Beisein angelegt wurde. Beim Verstecken waren immer zwei weitere, mögliche Konkurrenten anwesend: ein zweiter Beobachter und ein Nicht-Beobachter. Durch die Konstruktion der Volieren konnten die Beobachter-Raben theoretisch sehen, ob ein Konkurrent in der Lage war zu beobachten, wo die Verstecke angelegt wurden – vorausgesetzt, dass sie sich in die Perspektive der anderen hereinversetzen konnten.

Plündern durften die Raben dann in einer von drei Situationen:

Situation 1: alleine ohne Konkurrenten;
Situation 2: zusammen mit einem Konkurrenten, der beim Verstecken zugesehen hatte und somit wusste, wo die Verstecke waren, also mit einem Beobachter;
Situation 3: zusammen mit einem Konkurrenten, der zwar beim Verstecken neben dem Beobachter saß, aber durch einen blickdichten Vorhang nicht sehen konnte, wo die Verstecke waren – also mit einem Nicht-Beobachter.

Um außerdem zu überprüfen, wie flexibel Raben sind, wurden sie entweder mit dominanten oder subdominanten Tieren als Konkurrenten kombiniert.

Wenn die Konkurrenz dominant und unwissend war, brauchten die Raben signifikant länger, um die Verstecke zu plündern, als in den Kontrollsituationen, in denen sie alleine waren. Wenn aber die Konkurrenz wusste, wo die Verstecke waren, gingen die Raben sofort zum Versteck – unabhängig vom Dominanzstatus des Konkurrenten.

Die Raben achteten also nicht nur darauf, wer was gesehen hat, sondern passten auch ihre Strategie dementsprechend an. Wenn die Konkurrenz nicht wusste, wo das Versteck war, waren die dominanten Raben fast immer zuerst bei dem Versteck und konnten es plündern, die subdominanten schafften das noch in 69 Prozent aller Fälle. Wenn die Konkurrenz allerdings auch wusste, wo das Versteck war, waren Raben gegenüber dominanten Tieren nur teilweise erfolgreich (zwölf Prozent), während sie gegenüber subdominanten eine Erfolgsquote von 79 Prozent hatten.

Raben haben also in diesem Versuch ein kluges Köpfchen demonstriert und nicht nur gezeigt, dass sie darauf achten, was die Konkurrenz gesehen hat, sondern auch, dass sie sich entsprechend dem Dominanzstatus des Konkurrenten verhalten. Es ist unwahrscheinlich, dass die Strategien des einzelnen Raben mit dem Verhaltensmuster der Konkurrenz zusammenhingen – denn die Raben stürmten sofort los, wenn sie mit einem wissenden Konkurrenten gepaart waren: Zu warten, wie sich der andere verhalten würde, hätte mit Sicherheit zum Verlust des Verstecks geführt.

Zusammenfassung

Die Ergebnisse der Studien über Schimpansen und Raben haben gezeigt, dass diese Tiere ganz gut wissen, was ein anderes Tier sehen kann bzw. gesehen hat und was nicht. Ob dieses »Wissen« allerdings dadurch zustande kommt, dass die Tiere wirklich verstehen, dass andere Tiere ein unterschiedliches Wissen haben, oder ob dieses »Wissen« einfach nur daher stammt, dass sie sehr genau beobachten, wie sich andere Tiere in bestimmten Situationen verhalten, und daraus ihre Schlüsse ziehen, konnte bis heute nicht geklärt werden. Andererseits ist es aber kaum möglich, sich z. B. die Welt der Raben ohne eine - zumindest ansatzweise - »Theory of Mind« vorzustellen. Wäre dies der Fall, hätten sich die Raben im oben geschilderten Experiment genau merken müssen, wer wann was beobachtete. Dieses »Wissen« nur durch Assoziationen zu erlangen kann durchaus so kompliziert sein, dass die »Theory of Mind« eine relativ einfache Alternative darstellen würde.

Zweifel an einer wirklichen »Theory of Mind« kommen aber auf, wenn man sieht, dass die faszinierenden Leistungen, die einige Tierarten vollbringen, sich nur auf ganz spezifische Situationen beziehen. Obwohl der Schimpanse in dem oben beschriebenen Experiment genau weiß, was sein Gegenüber sieht und was nicht, benötigen Schimpansen in anderen Versuchen oft Hunderte von Versuchsdurchgängen, um zu lernen, wer von zwei Wissenschaftlern weiß, wo Nahrung versteckt ist. Das Wissen, das zumindest einige Tierarten zu haben scheinen, ist meist begrenzt auf einen bestimmten Kontext und nicht so flexibel anwendbar wie unser menschliches Wissen. Interessant ist auch, dass fast alle Tierarten, die zumindest eine gewisse Vorstellung der Perspektive anderer haben, die einander täuschen und zumindest im Ansatz verstehen, was ein anderes Tier weiß, in sozial komplexen Gruppen leben und relativ große Gehirne haben. Dies könnte darauf hinweisen, dass die Fähigkeit, etwas von der Gedankenwelt anderer Tiere zu wissen, durch kognitive Anpassungen an soziale und ökologische Lebensumstände entstanden ist (siehe Einleitung). Um diese Hypothese allerdings zu bestätigen, müssen noch mehr Tierarten untersucht werden – vor allem solche, die nicht in großen Gruppen mit einem komplexen Sozialsystem leben.

VI

Werkzeuggebrauch

In diesem Kapitel wird der Frage nachgegangen, warum Werkzeuggebrauch im Tierreich das Interesse von Kognitionsbiologen weckt. Es wird erläutert, warum Werkzeuggebrauch kognitiv komplex ist und was verschiedene Versuche in Bezug auf ein tieferes Verständnis der physischen Zusammenhänge bei Tieren gezeigt haben. In den hier aufgeführten Beispielen werden Tierarten behandelt, die in ihrer natürlichen Umwelt Werkzeuge benutzen: unter anderem Schimpansen, Geradschnabelkrähen und Spechtfinken. Bei den Krähen steht im Vordergrund, was sie von ihrem Werkzeuggebrauch wirklich verstehen und wie frustrierend es manchmal sein kann mit »intelligenten« Tieren zu arbeiten ... Bei den Schimpansen werden wir sehen, wie komplex Werkzeuggebrauch sein kann und wie dieser erlernt wird.

Menschen wie Tiere leben nicht im Schlaraffenland, sondern es ist für alle oft mühsam an die Nahrung heranzukommen. Früchte müssen vom Baum geholt werden, Wurzeln ausgegraben und Schalen geöffnet werden. Oft geht das relativ einfach mit den Händen, Pfoten oder dem Gebiss bzw. dem Schnabel, manchmal ist es aber so schwierig, dass andere Hilfsmittel als die eigenen Körperteile notwendig sind, um an die Nahrung zu kommen.

So haben zum Beispiel einige Nüsse in Afrika so harte Schalen, dass Schimpansen große Steine als Hammer benutzen, um sie aufzubrechen (Boesch & Boesch, 1983). Hinzu kommt, dass der Waldboden meist sehr weich ist und zum Öffnen der Nüsse ein Amboss, also ein weiterer Stein erforderlich ist, auf den die Nüsse gelegt werden können, um sie dann mit dem Hammer zu knacken. Aber nicht alle Steine eignen sich als Amboss, denn damit die Nuss auch liegen bleibt, müssen sie zumindest eine flache oder eine leicht nach innen gewölbte Stelle haben. Ähnlich ist es auch mit dem Hammer – der Hammer darf einerseits nicht zu schwer sein, denn dann wird die Nuss zu Pulver zerschlagen, andererseits darf er aber auch nicht zu leicht sein, denn dann wird zu viel Kraft benötigt, um die Schale zu zerschlagen. Ein weiteres Problem besteht darin, dass es etwa im afri-

kanischen Regenwald, auf jeden Fall im Taï-National-Park an der Elfenbeinküste – wo viele dieser Beobachtungen durchgeführt wurden
und wo Schimpansen recht häufig die harten Coulanüsse knacken –,
kaum Steine gibt. Die Tiere müssen also irgendwo ihre Werkzeuge
suchen und sie dann zu den Coulabäumen transportieren, und das
oft über beträchtliche Strecken (Boesch & Boesch, 1984). Nüsse zu
knacken ist also gar nicht so einfach, sondern relativ komplex – es ist
also nicht verwunderlich, dass Schimpansen manchmal sechs bis acht
Jahre lang lernen müssen effektive Nussknacker zu werden.

Werkzeuggebrauch wird aufgrund seiner Komplexität auch oft im
Zusammenhang mit der Evolution von Kognition diskutiert. Zum
einen, weil ein Werkzeug ein indirektes Hilfsmittel ist, um ein bestimmtes Ziel zu erreichen – es ist also ein Teil in einer komplizierten
Sequenz, in der ein bestimmter Endzustand erreicht werden soll. Dabei reicht es nicht ein Objekt mit seinen eigenen Handlungen zu koordinieren, sondern die Objekte müssen auch untereinander in Verbindung gebracht werden (Werkzeug und Futter). Dies ist kognitiv
recht anspruchsvoll, und die Tatsache, dass hauptsächlich Menschen
und unsere nächsten Verwandten, die Affen, Werkzeuge benutzen,
unterstreicht diese Vermutung. Ein zweiter Grund, weshalb Werkzeuggebrauch im Rahmen der Evolution von Kognition diskutiert
wird, besteht in der Annahme, dass Werkzeuggebrauch als Überle-
bensstrategie eine überragende Adaptation an die Umwelt darstellt.
Diese Adaptation hat dem Lebewesen eine Reihe von Möglichkeiten
eröffnet, seinen unmittelbaren gegenständlichen Lebensbereich zu
verändern und diesen an sich anzupassen. Bei der Interpretation muss
man allerdings vorsichtig sein, man kann nicht jedem Tier, das Werkzeuge gebraucht, eine hohe Intelligenz zuschreiben, denn oft ist Werkzeuggebrauch im Tierreich sehr spezifisch und wenig flexibel. Letzteres lässt vermuten, dass kein wirkliches Verständnis von der Handlung
und dessen Wirkung vorhanden ist, sondern dass es eher genetisch
festgelegte Handlungsweisen, also Adaptationen an die Umwelt sind,
die wir bei vielen Tierarten beobachten.

Ein weiterer Hinweis, dass Werkzeuggebrauch kognitiv etwas

komplexer ist, kommt von Studien, die gezeigt haben, dass Vögel und Primaten, die Werkzeuge gebrauchen, eine größeres Gehirn haben als Vögel und Primaten, die keine Werkzeuge gebrauchen (Lefebvre et al., 2004). Diese Korrelation zu beurteilen ist allerdings oft relativ schwierig, denn sie verrät uns noch nichts über den Kausalzusammenhang, also ob die Tiere Werkzeuge gebrauchen, weil sie ein größeres Gehirn haben, oder ob sie ein größeres Gehirn haben, weil sie Werkzeuge gebrauchen.

Ein weiteres Beispiel zum Werkzeuggebrauch aus dem Tierreich stellen Spechtfinken dar, die zu den sogenannten Darwin-Finken gehören und auf den Galapagos-Inseln vorkommen. Die Spechtfinken benutzen sehr effektiv kleine Stöcke, um an Larven und Insekten in Baumlöchern zu kommen. Interessanterweise verändern sie bei Bedarf auch die kleinen Stöckchen – machen sie kürzer oder brechen kleine Seitentriebe ab –, damit diese besser in die Löcher passen. Aus dem Verhalten der Finken könnte man schließen, dass sie verstehen, dass das Stöckchen als Verlängerung ihres Schnabels ein Werkzeug ist, und dass sie verstehen, wie man solch ein Werkzeug modifizieren kann, um es effektiver zu machen. Eine Studie von Sabine Tebbich und Kollegen hat allerdings gezeigt, dass sich die Fähigkeit, Werkzeuge zu benutzen, in einer frühen manipulativen Periode entwickelt. In dieser Zeit haben die jungen Spechtfinken eine natürliche Tendenz, Stöckchen in Baumlöcher zu stecken. Wenn sie dann durch Zufall eine Made erwischen, werden sie für das Verhalten belohnt und wiederholen es (Tebbich et al., 2001). Da nicht alle erwachsenen Spechtfinken das Benutzen von Werkzeugen zeigen, wird angenommen, dass Finken dieses Verhalten nur erlernen können, wenn sie, während sie jung sind, der richtigen Umgebung ausgesetzt sind. Das bedeutet aber auch, dass der Werkzeuggebrauch bei diesen Tieren nichts anderes ist als eine Konsequenz der Interaktion zwischen Lernen durch Versuch und Irrtum und der Reifung von artspezifischem Verhalten. Mit dem Verständnis der Eigenschaften eines Werkzeuges hat das Ganze demnach eher wenig zu tun.

Intelligenter Werkzeuggebrauch

Flexibles und kreatives Verhalten im physikalischen Bereich erfordert, dass man funktionale und nichtfunktionale Eigenschaften von Objekten erkennt, dass man die Wirkung eines Objektes auf ein anderes Objekt erahnen kann und dass man gewisse physikalische Konzepte wie Schwerkraft, Gewicht und die Zusammenwirkung von Objekten versteht. Um zu erforschen, inwieweit Tiere ein solches Verständnis haben, werden seit Jahren mit verschiedenen Tierarten Versuche durchgeführt, die auch in freier Natur Werkzeuge relativ flexibel gebrauchen.

Das Verständnis, dass man für einen bestimmten Zweck ein Hilfsmittel einsetzen kann

Das Verständnis des »Mittels zum Zweck« – also wie und warum die Anwendung eines Hilfsmittels zu dem erwünschten Ziel führt – ist ein Schlüsselschritt in der kognitiven Entwicklung, der bei Menschen bereits im Alter von zirka acht Monaten eintritt. Wo Kinder zuvor hauptsächlich auf äußere Reize reagieren bzw. einfache Versuche unternehmen, um auf die Umwelt einzuwirken – z. B. das Erzeugen eines Geräusches mit der Rassel (Piaget, 1953) –, entwickelt sich mit etwa acht Monaten ein Verständnis von der Wirkung einer Handlung auf die nächste – z. B. wird ein Hindernis zur Seite geschoben, um nach einem Gegenstand zu greifen –, aber auch das Verständnis, dass ein bestimmtes Hilfsmittel benutzt werden kann, um einen bestimmten Zweck zu erreichen (Brown, 1990). Ohne diese Art von Verständnis ist es für ein Individuum nicht möglich, eine Intention, das heißt eine Absicht, in einen Plan umzuwandeln, wahrscheinlich nicht einmal möglich eine Intention zu bilden (Bratman, 1981). Die Frage, die sich daher für Kognitionsbiologen stellt, ist, ob Tiere eigentlich auch in der Lage sind den Zusammenhang zwischen einem Hilfsmittel und dem erwünschten Ziel zu verstehen, beziehungsweise ob sie auch wirklich verstehen, auf welche Art und Weise das Hilfsmittel funktioniert.

Eine sehr einfache Methode zur Untersuchung dieses Verständnisses bei Tieren ist der »Seil-Zieh-Versuch«, der in verschiedenen Variationen anwendbar ist (Hauser et al., 1999; Köhler, 1925; Heinrich, 1995; Heinrich & Bugnyar, 2005; Pepperberg, 2004). Bei den hier geschilderten Versuchen wurde ein Stück Futter an einer Schnur befestigt und hinter einer transparenten Barriere platziert, sodass das Versuchstier es nicht mit der Hand, der Pfote oder dem Schnabel erreichen konnte. Die Schnur durchkreuzt dabei die Barriere und durch Ziehen an der Schnur kann das Futter in Reichweite gebracht werden. Hat das Versuchstier ein Verständnis für die physikalische Verbindung zwischen Schnur und Futter, wird die Schnur zum Hilfsmittel, um an das Futter zu gelangen. Somit sollte das Tier an der Schnur ziehen und nicht an der Barriere hantieren. Wenn Tiere diesen Zusammenhang verstehen und an der Schnur ziehen, kann das zwar bedeuten, dass sie ein Verständnis über das Zusammenwirken von Schnur und Futter und somit von Hilfsmittel und Zweck entwickelt haben, das muss aber nicht der Fall sein. Dieses relativ einfache Problem können Tiere theoretisch auch durch Herumprobieren lösen. Um etwas genauer zu untersuchen, was Tiere nun wirklich verstehen, werden verschiedene Variationen dieses Seil-Zieh-Versuchs durchgeführt.

Zum Beispiel werden den Tieren zwei Schnüre gleichzeitig präsentiert, wobei nur eine mit dem Futter verbunden ist. Erkennt das Tier die Verbindung zwischen dem Hilfsmittel und dem Endzustand, wird es in der Lage sein die richtige Schnur zu wählen. Hier kann der Wissenschaftler natürlich seine Fantasie spielen lassen und die Tiere mit verschiedenen Anordnungen testen, um möglichst viel über das Verständnis des Tieres vom Zusammenwirken von Hilfsmittel und Endzustand zu erfahren: Man kann die Schnüre gerade nebeneinanderlegen, schief nebeneinanderlegen oder aber auch kreuzen lassen (Abbildung VI-1). Jede Anordnung ist auf ihre Art und Weise für das Tier schwierig. Schauen wir uns doch einmal die gekreuzte Version an: Da das Tier möglichst schnell an das Futter möchte, wird es fast automatisch Stellung an der kürzesten Verbindung zum Futter beziehen – also hinter dem Ende der falschen Schnur stehen! Das Tier wird also nahezu verleitet, an der falschen Schnur zu ziehen. Um das Problem positiv zu lösen, muss sich das Tier erst einmal vom Futter wegbewegen, hin zum Ende der richtigen Schnur – eine sehr schwierige Aufgabe für die meisten Tiere.

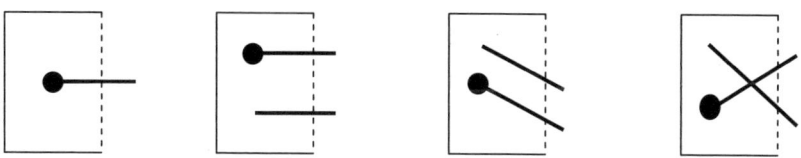

Abbildung VI-1: Verschiedene Versuchsanordnungen für die Seil-Zieh-Aufgabe.

Trotz starker individueller Unterschiede zeigen Papageien (Werdenich & Huber, 2006; Funk, 2002) und Rabenvögel (Heinrich, 1995) meistens recht gute Erfolge bei den Seil-Zieh-Experimenten, aber auch Affen schneiden meist ganz gut ab (Roginsky, 1948).

Bei Hunden dagegen ergeben sich bei diesen Aufgaben eher schwache Leistungen (Osthaus et al., 2005). Sie waren dann erfolgreich, wenn die Schnur rechtwinklig zur transparenten Barriere lag (Skizze 1 in Abbildung VI-1). War die Schnur diagonal oder schräg zur Barriere angeordnet, versuchten die Hunde das Futter von der Stelle der Barriere aus zu erreichen, die am nächsten beim Futter war. Wurden zwei Schnüre angeboten, so zogen sie an dem Ende der Schnur, das am nächsten beim Futter war (z. B. an der falschen Schnur im Falle der Versuche mit den überkreuzten Schnüren – siehe Skizze 4). Eine Frage, die uns im Moment beschäftigt, ist, ob Wölfe denselben Fehler machen wie die Hunde.

Abbildung VI-2: Renki, ein Wolf in Wolfpark, Indiana, USA, wird in einem Seil-Zieh-Experiment getestet. Hier wählt er die richtige Seite! Ob er das immer macht, werden wir in ein paar Minuten wissen.

Vielleicht ist nämlich das Problem, das Hunde diese Aufgabe nicht lösen können, kein kognitives, sondern basiert eher auf der sozialen Einwirkung des Menschen auf die Problemlösungs- und kognitiven Fähigkeiten der Hunde im physikalischen Bereich (Topal et al., 1997). Die Beziehung eines erwachsenen Hundes zu seinem Besitzer ist vergleichbar mit einer Mutter-Kind-Beziehung in dem Sinne, dass der Hund an seinen Besitzer gebunden ist, der in Stresssituationen Unterstützung und Sicherheit bietet (Topal et al., 1998). Es kann also sein, dass der Hund durch diese starke Bindung sich oft eher auf seinen Besitzer bzw. den Menschen verlässt, als wirklich selbstständig zu denken. Zum Beispiel konnte gezeigt werden, dass Hunde durchaus in der Lage sind, alleine deduktive Schlüsse basierend auf dem Ausschlussprinzip zu ziehen (Aust et al., 2008) (Kapitel II). Geht es jedoch in einem Versuch, in dem auch ein Mensch vorkommt, um das Auffinden einer Belohnung in einem von zwei Verstecken, so reicht es nicht, dass der Mensch dem Hund nur das leere Versteck zeigt, er muss auch an dem anderen hantieren (Erdohegyi et al., 2007). Passiert das nicht, wählt der Hund das gezeigte, aber offensichtlich leere Versteck. Es scheint also, dass soziale Hinweise des Menschen die Wahl des Hundes stärker beeinflussen als das Sehen bzw. Nichtsehen der Belohnung, obwohl Hunde sehr wohl die Fähigkeit besitzen,

Schlussfolgerungen zu ziehen. Diese Fähigkeit kommt aber erst zum Tragen, wenn die Wahl der Hunde nicht aufgrund von menschlichen Hinweisen getroffen werden kann. Da bei dem obigen Versuch ein Mensch anwesend war, kann es sein, dass dadurch das Problemlöseverhalten der Hunde beeinträchtigt wurde.

Ergebnisse von Papageien zeigen ähnliche Hinweise. Obwohl Papageien (Werdenich & Huber, 2006; Funk, 2002) bei dem Seil-Zieh-Experiment oft recht gut sind, gibt es zwei Papageien von Irene Pepperberg, die bei diesen Versuchen versagt haben. Beide Papageien konnten sprechen, und anstatt das Problem selber zu lösen, baten sie einfach den Wissenschaftler, ihnen das Futter zu geben (Pepperberg, 2004)! Auch das ist eine Lösung des Problems. Es kann also sein, dass Tiere, die in enger Kooperation mit Menschen leben, sich einfach in schwierigen Situationen eher auf diese verlassen und daher ihre kognitiven Fähigkeiten nicht anwenden.

Außer den Seil-Zieh-Versuchen gibt es noch andere Versuchsarten, mit denen auf ähnliche Art und Weise das Verständnis des Zusammenwirkens von Hilfsmittel und Endzustand untersucht wird, z. B. die sogenannten »Auflage-Versuche«. Bei diesen wird ein Stück Futter auf ein Stück Stoff gelegt, und die Tiere müssen dann den Stoff heranziehen, um an das Futter zu kommen. In den Experimenten werden verschiedene Faktoren variiert:

Situation 1: Liegt das Futter wirklich auf dem Stoff oder daneben – gibt es also eine physikalische Verbindung zwischen Futter und Stoff?
Situation 2: Ist der Stoff in der Mitte getrennt – besteht also keine Verbindung zwischen dem ersten und dem zweiten Stück Stoff, auf dem das Futter liegt?
Situation 3: Sind zwei Stücke Stoff wirklich stabil miteinander verbunden oder zum Beispiel nur scheinbar mit Sand?
Situation 4: Der Stoff, auf dem das Futter liegt, kann jeweils aus unterschiedlichen Materialen bestehen.

Mit diesen »Auflage-Versuchen« sind Affen sehr intensiv getestet worden, dabei zeigten sich im Allgemeinen sehr gute Ergebnisse (Hauser et al., 1999; Santos et al., 2003).

Es gibt also viele verschiedene Möglichkeiten, zu erforschen, inwieweit Tiere die Verbindung und damit auch das Zusammenwirken zwischen Hilfsmittel und Endzustand verstehen. Wichtig bei dieser Art von Versuchen ist allerdings, dass die Tiere im Prinzip von Anfang an die richtige Lösung finden (Einsichtslernen, Kapitel II) und nicht durch Versuch und Irrtum lernen, wie sie sich zu verhalten haben, um an das Futter zu kommen.

Das Verstehen von physikalischer Kausalität

Das Verständnis für Kausalität, den Zusammenhang zwischen Ursache und Wirkung, verlangt von einem Lebewesen nicht nur das Verstehen, dass zwei Ereignisse miteinander in Raum und Zeit assoziiert sind, sondern auch, dass sie durch so etwas wie eine »vermittelnde Kraft« verbunden sind. Dieses Verstehen kann dazu genutzt werden, bestimmte Ereignisse vorherzusagen oder zu kontrollieren.

Zur Untersuchung des Verständnisses für Kausalität bei Tieren wurde im letzten Jahrhundert das sogenannte »Röhren-Experiment« angewandt. Dessen einfachste Form besteht in einer durchsichtigen Röhre, in der ein Stück Futter steckt. Um an das Futter zu kommen, muss das Tier dieses mit einem Stock aus der Röhre herausschieben. Um zu untersuchen, inwieweit die Tiere den Zusammenhang verstehen, wird der Stock in verschiedenen Formen angeboten. Es gab drei Hauptvarianten dieses Versuches:

Variante 1: Das Bündel-Experiment: Mehrere Stöcke waren so zusammengebunden, dass sie nicht als Ganzes in die Röhre eingeführt werden konnten. Das Tier musste also das Bündel auseinanderreißen und dann einen der Stöcke benutzen, um an das Futter zu gelangen.

Variante 2: Das Kurzstock-Experiment: Dem Tier wurden drei Stöcke zur Verfügung gestellt, die aber alle für sich alleine zu kurz waren, um an das Futter zu kommen. Um das Problem zu lösen, musste das Versuchstier die Stöcke zusammenbauen.

Variante 3: Das H-Experiment: Dem Tier wurde eine Stockformation in der Form eines »H« gegeben. Um den Stock in die Röhre einzuführen, musste das Tier die blockierenden Stücke der Stockformation abbrechen.

Bei diesen Versuchen stellten sich Schimpansen (Ladygina Koths, 1959) und zu einem gewissen Grad auch Kapuzineraffen (Visalberghi & Trinca, 1989) relativ geschickt an und zeigten, dass sie ein gewisses Verständnis für die physikalischen Relationen hatten, auch wenn das H-Experiment für die meisten Schimpansen ein größeres Problem darstellte. Die Kapuzineraffen machten dagegen bei allen drei Experimenten öfters Fehler.

Ein anderer Versuchsaufbau des Röhren-Experimentes, der sehr oft angewandt wird, um das physikalische Verständnis von Primaten und Vögeln zu untersuchen, aber sehr viel schwieriger ist, ist die sogenannte Fallröhre. In diesem Experiment wird ein Stück Futter in einer horizontalen Röhre so deponiert, dass es auch hier von den Versuchstieren nicht erreicht werden kann – normalerweise in die Mitte. Sie erhalten einen Stock, den sie in die Röhre einführen können, um das Futter zu verschieben. Auf einer Seite der Röhre befindet sich eine Vertiefung, in die das Futter fallen kann. Wenn das Tier das Futter in diese Richtung schiebt, fällt es in diese Falle und kann nicht mehr herausgeholt werden. Schiebt das Tier das Futter in die andere Richtung, erhält es dieses als Belohnung. Wenn die Tiere nun die physikalische Tragweite dieser Falle erkennen, sollten sie den Stock an dem Ende der Röhre einführen, das der Falle am nächsten liegt. Um zu überprüfen, ob ein solches Verhalten echte physikalische Einsicht widerspiegelt, werden Kontrollsituationen benötigt. Bei diesen wird die Röhre so um ihre Längsachse gedreht (um + 90° bzw. - 90° / die Falle befindet sich an einer Seite, oder um 180° / die Falle befindet sich oben), dass die Falle nicht immer unten ist und als Falle dienen kann. So sollten die Tiere die Falle nicht zwangsläufig vermeiden, sondern nur dann, wenn sie sich wirklich am Boden der Röhre befindet und als Falle dient. Befindet sich die Falle nicht am Boden, müssten die Tiere diese Positionen nicht vermeiden.

Der Versuchsaufbau ist von Visalberghi und Limongelli (1996) erfunden und mit Kapuzineraffen getestet worden. Sie fanden heraus, dass eines der an den Untersuchungen teilnehmenden Weibchen die Aufgabe systematisch löste, indem es das Futter immer wieder vom Loch wegstieß (Visalberghi & Limongelli, 1996). Nähere Untersuchungen zeigten aber, dass ungefähr bei der Hälfte der Versuchsdurchgänge dieses Weibchen den Stock auf der falschen Seite der Röhre hineingeschoben hatte. Erst als es sah, dass sich das Stück Nahrung auf das Loch zubewegte, hörte sie schnell auf und führte den Stock von der anderen Seite ein. Als das Weibchen mit der Kontrollsituation konfrontiert wurde – die Falle also keine Falle war –, wendete es weiterhin dieselbe Strategie wie zuvor an und schob das Stück Futter vom Loch weg. Was die Äffin also gelernt hatte, war die einfache Regel »Immer das Stück Futter vom Loch wegschieben«, sie hatte aber kein tieferes Verständnis für das Problem entwickelt.

Dieselben Versuche wurden auch mit fünf Schimpansen durchgeführt. Zwei lernten, die Falle zu vermeiden (Limongelli et al., 1995). Leider wurden die beiden Schimpansen nicht in der Kontrollsituation getestet, sodass nicht klar ist, ob die Schimpansen dieselbe Daumenregel wie das Kapuzinerweibchen angewendet oder ob sie wirklich die physikalischen Zusammenhänge verstanden hatten. Ein späterer Versuch mit einem weiteren Schimpansen lässt Ersteres vermuten (Reaux et al., 1999).

Inzwischen ist das Fallröhren-Experiment auch mit Corviden (rabenartigen Vögeln) getestet worden, die üblicherweise ein sehr intelligentes Verhalten zeigen. Die Versuche zeigten ähnliche Ergebnisse wie bei den Affen: Tiere können zwar lernen das Problem zu lösen, aber sie haben kein wirkliches Verständnis der Kausalität (Tebbich et al., 2007).

Dieser kurze Überblick zeigt schon recht eindeutig, dass Tiere meist nur ein sehr begrenztes Verständnis von ihrer physischen Umwelt haben. Es ist aber auch klar, dass Erfahrung eine wichtige Rolle spielt, denn es ist unrealistisch anzunehmen, dass ein Lebewesen – ob Tier oder Mensch – in der Lage sei, komplett neue Probleme mit neuen Materialen zu lösen ohne jegliche Erfahrung mit deren physikalischen Eigenschaften. Auf der anderen Seite ist es auch recht unwahrscheinlich, dass gewisse angeborene Veranlagungen keinerlei Einfluss auf ein Verhalten hätten – was allerdings auch nicht bedeutet, dass Kognition dann keine Rolle mehr spielen würde! Kinder lernen durch das Zusammenschlagen von Objekten, wofür sie eine angeborene Tendenz haben, die Eigenschaften dieser Objekte kennen, zum Beispiel deren Flexibilität oder Härte (Lockman, 2000). Nur durch die Kombination solcher angeborenen Veranlagungen mit dem Lernen durch Versuch und Irrtum ist der erwachsene Mensch dann in der Lage, z. B. Steine als Hammer und Amboss zu benutzen.

Aber natürlich bedeutet das nicht, dass der Werkzeuggebrauch beim Menschen nicht einhergeht mit der Repräsentation des angestrebten Zieles. Kognition spielt also beim Werkzeuggebrauch eine Rolle – angeborene Veranlagungen spielen aber oft eine noch größere Rolle. Indem genau untersucht wird, wie sich Besonderheiten eines bestimmten Verhaltens entwickeln, kann erkannt werden, was für kognitive Fähigkeiten dem besagten Verhalten zugrunde liegen. Je innovativer und flexibler allerdings ein Verhalten ist, umso mehr lässt sich vermuten, dass das Individuum ein Verständnis des Problems hat.

Um den Eimer heraufzuziehen, brauche ich einen Haken: Werkzeuggebrauch bei Geradschnabelkrähen

Geradschnabelkrähen sind endemisch, also ausschließlich auf Neukaledonien und den Loyalty-Inseln beheimatet. Daher auch der englische Name New Caledonian Crow, »Neue Kaledonische Krähe«. Diese Kaledonischen Krähen haben vor einigen Jahren große Aufmerksamkeit erregt, als bekannt wurde, dass sie nicht nur Blätter und Zweige als Werkzeuge benutzen, sondern diese Blätter und Zweige auch vor dem

Einsatz bearbeiten, um ein möglichst effektives Werkzeug zu erhalten. Es konnte gezeigt werden, dass eine Reihe unterschiedlicher Werkzeuge ausgearbeitet wurde und dass diese Werkzeuge zwischen verschiedenen geografischen Populationen auf den Inseln variieren (Hunt & Gray, 2003). Die Vielfalt der Werkzeuge lässt vermuten, dass sie für unterschiedliche Funktionen hergestellt werden und dass daher die Krähen vielleicht ein Verständnis dafür haben, welches Werkzeug für welche Aufgabe geeignet ist. Um dies zu untersuchen, haben Alex Kacelnik und Kollegen einige Experimente mit den Tieren im Labor durchgeführt.

In einem der ersten Experimente wurden eine männliche und eine weibliche Krähe vor die Aufgabe gestellt, einen kleinen Eimer aus einem durchsichtigen Gefäß herauszuziehen (Abbildung VI-3, Farbbildteil S. 143) (Weir et al., 2002). In dem Eimer war natürlich etwas Gutes zum Fressen. Um dieses aus dem Gefäß herausziehen zu können, mussten die Krähen einen Draht benutzen, an dessen Ende ein kleiner Haken war, mit dem der Haltebügel des Eimers erreichbar war. Den beiden Krähen wurde die Wahl zwischen einem Draht ohne und einem mit Haken angeboten, um das Problem zu lösen. Eigentlich ging es in dem Experiment hauptsächlich darum, welchen Draht die Vögel auswählten, doch es kam dabei auch zu einer wirklichen Überraschung: Im fünften Versuchsdurchgang wählte die männliche Krähe den Draht mit Haken, die weibliche Krähe Betty den Draht ohne Haken. Betty ließ sich durch die männliche Krähe nicht beirren, sondern steckte kurzerhand das Ende ihres Drahts in ein kleines Loch als Widerstand und verformte den Draht so, dass auch dieser einen Haken hatte, mit dem sie den Bügel des Eimers erreichen konnte. Dieses Verhalten führte natürlich zu großem Aufsehen, da es wie eine durchdachte, intelligente Handlung aussah, um das Werkzeug an die spezifische Aufgabe anzupassen. In weiteren Versuchen mit Betty zeigte sich, dass dieses Verhalten nicht nur zufällig gewesen war, sondern dass sie wieder und wieder den Draht bog, um das Problem zu lösen. Nach dieser überzeugenden Leistung wurden natürlich weitere Versuche gemacht, um herauszufinden, ob die Geradschnabelkrähen wirklich so fantastisch im Werkzeuggebrauch und somit im physikalischen Verständnis wären, wie man aufgrund dieser Versuche vermuten konnte. Ähnliche Beobachtungen wurden auch in freier Wildbahn gemacht.

In einer Serie von weiteren Versuchen mit Krähe Betty wurde untersucht, wie flexibel sie Werkzeuge verändern kann, um diese für bestimmte unterschiedliche Probleme anzuwenden. Je erfolgreicher Betty ist, umso unwahrscheinlicher ist es, dass das beobachtete Verhalten durch angeborene Regeln oder durch erlerntes Verhalten zustande gekommen ist (Weir & Kacelnik, 2006). Wenn Betty nun in der Lage ist, neue Objekte zu verändern, um mit ihnen neue Probleme zu lösen, wäre das ein guter Hinweis darauf, dass sie nicht einfach angeborene Verhaltensweisen anwendet, sondern ihre eigene Erfahrung zum Finden einer Lösung nutzt. Wie schnell Betty sich auf ein neues Problem einstellt und dieses löst, könnte auch einen Hinweis darauf geben, inwieweit sie das Problem verstanden hat (siehe Kapitel II, Einsichtslernen). Wenn sie bei jeder Konfrontation mit einem neuen Problem nach und nach immer besser und schneller wird, deutet das darauf hin, dass sie durch Versuch und Irrtum ihre Methodik verbessert. Wenn sie dagegen von Anfang an sehr gut ist bzw. wenn es keine graduelle, sondern eher eine sprunghafte Verbesserung gibt, ist zu vermuten, dass sie die jeweilige Aufgabe versteht und diese mit Überlegung und Klugheit löst. Man könnte dann meinen, sie hat von dem jeweiligen Problem ein gewisses Verständnis.

Geradschnabelkrähen sind die einzigen Tiere, die wie Menschen Rohmaterial in Werkzeuge bestimmter Endform umwandeln können (Hunt, 1996; Hunt, 2000; Hunt & Gray, 2004a). Schimpansen zum Beispiel, die auch relativ flexibel Material verändern, um es effektiv für ein bestimmtes Problem anzuwenden, benutzen dazu eher unspezifische Verhaltensweisen. Die Endform ergibt sich dann meist aus der Art des Materials bzw. ist nicht unbedingt spezifisch für die Aufgabenstellung (etwa ein Ball aus zusammengeknüllten Blättern, um Wasser aus einer Baumhöhle aufzusaugen). Dagegen wird bei den Geradschnabelkrähen aus einem ungeformten Material eine ganz bestimmte Endform hergestellt (Hunt, 1996; Hunt, 2000). Man könnte daher erwarten, dass diese Krähen wirklich in der Lage sind, ihre Werkzeuge entsprechend der erwünschten Funktion zu verändern.

Aus dem ersten Experiment von 2002 war bekannt, dass Betty in der Lage war, aus einem Draht ohne Haken einen Draht mit Haken zu machen, um den kleinen Eimer aus dem Gefäß zu holen. Aber würde sie auch in der Lage sein ein neues Material – z. B. Aluminiumblech-Streifen – in eine Hakenform zu verändern, um an den Eimer mit dem Futter zu kommen? Aluminiumblech-Streifen verhalten sich anderes als Draht – um daraus einen Haken zu biegen, können sie nur in einer Richtung gebogen werden, im Gegensatz zum Draht, bei dem die Biegerichtung beliebig ist. Innerhalb von drei Versuchsdurchgängen hatte Betty herausgefunden, wie sie dieses neue Material verwenden musste, um das Problem zu lösen. Dabei wandte sie eine neue Taktik an: Sie verbog nicht wie beim Draht das von ihr weiter entfernte Ende, sondern das Blechstück, das sie im Schnabel hatte. Diese neue Methode schloss also aus, dass sie, um ein neues Problem zu lösen, einfach ein gelerntes Verhaltensmuster wiederholte. Ein weiterer interessanter Aspekt war, dass Betty den Aluminiumstreifen, dessen Ende sie im Schnabel und zu einem Haken verformt hatte, erst noch umdrehen musste, um ihn effektiv benutzen zu können. In den ersten zehn Versuchsdurchgängen steckte sie dann auch prompt zuerst fünf Mal das nicht modifizierte Ende in das Glasgefäß, bevor sie den Blechstreifen umdrehte. Bei weiteren 25 Durchgängen machte sie diesen Fehler allerdings nur noch zwei Mal. Diese erste Aufgabe hat Betty also erfolgreich gelöst!

Im nächsten Experiment ging es darum, ob Betty auch in der Lage war, einen Aluminiumstreifen, der auf beiden Seiten einen Haken hatte, geradezubiegen – also im Prinzip das Gegenteil von dem zu tun, was sie im zweiten Experiment getan hatte. Diesmal bestand die Aufgabe darin, ein kleines Gefäß mit Futter aus einer Röhre, die in der Mitte ein Loch hatte, herauszustoßen. Da in diesem Experiment die Röhre an den Endpunkten nur relativ kleine Öffnungen hatte, passte der haken-förmige Aluminiumblech-Streifen ohne eine gezielte Verformung nicht hinein. Prinzipiell kannte Betty die Aufgabe von den früheren Experimenten – sie wusste also eigentlich, wie man an das Futter kommen konnte. Es ging hier also wirklich nur darum, ob sie in der Lage war, das Werkzeugmaterial so zu verändern, dass es zweckmäßig war.

Betty war in allen drei Versuchsdurchgängen erfolgreich – allerdings nicht so, wie es sich die Wissenschaftler vorgestellt hatten! Im ersten Versuchsdurchgang pickte Betty so hart gegen die Röhre, dass das kleine Gefäß mit dem Futter verrückt wurde und dann durch das Loch herausfiel. Im zweiten Durchgang drückte Betty zwar das eine Ende des Blechstreifens mit dem Schnabel so zusammen, dass es flach wurde, führte dann aber das Streifenende mit dem Haken bei dem Loch in der Mitte ein und zog so das Gefäß heraus. Daraufhin wurde das Loch in der Mitte der Röhre durch eine Verlängerung so manipuliert, dass es nicht mehr möglich war, dort den Haken einzuführen. Im letzten Durchgang drückte Betty das eine Ende mit dem Schnabel zusammen und versuchte dann allerdings zuerst, das falsche Ende (mit Haken) in die Röhre einzufädeln. Nach vier Sekunden gab sie das dann auf, drehte den Streifen um und führte das von ihr flachgedrückte Ende ein.

Diese Ergebnisse sind schwierig zu interpretieren, da Betty ja nur einmal das Problem so gelöst hatte, wie es von den Wissenschaftlern gedacht gewesen war. Und dabei hatte sie erst versucht, den falschen Weg zu gehen. Es kann also sein, dass dies eher Zufall war und dass sie die Enden nur zusammengedrückt hatte, um den Streifen besser halten zu können.

Um auch diese Frage genauer zu untersuchen, wurde ein letztes Experiment durchgeführt. Hier wurde der Krähe Betty ein Streifen aus dickerem Aluminiumblech bereitgelegt, der an einem Ende einen Haken hatte. Diesmal bestand die Aufgabe darin, den Haken wieder aufzubiegen und dadurch den Blechstreifen zu verlängern. Das Ziel war, ein Stück Futter aus einer durchsichtigen Plexiglasröhre hinauszuschieben – auch eine Aufgabe, die Betty von früheren Experimenten schon kannte. Und wieder ging es um das Werkzeugmaterial: Nur wenn Betty den Aluminiumstreifen geradebiegen würde, wäre er lang genug, um an das Futter zu gelangen.

Insgesamt wurden vier Versuchsdurchgänge gemacht, in dreien war Betty erfolgreich. Aber wieder nicht unbedingt so, wie sich die Wissenschaftler das vorgestellt hatten! Im ersten Versuchsdurchgang schaffte Betty es, trotz des stärkeren Materials, den Aluminiumstreifen zusammenzudrücken. Um mit dem kurzen Streifen an das Futter zu kommen, steckte sie nun nicht nur das Werkzeug, sondern auch ihren Kopf in die Glasröhre. Für den nächsten Durchgang wurde daher das eine Ende des Aluminiumstreifens eher als U-Form ausgebildet, sodass es für Betty sehr schwierig wurde, ihn zusammenzudrücken. In diesem zweiten Durchgang stocherte Betty dann zuerst mit dem unmodifizierten Werkzeug in der Röhre herum – ohne Erfolg. Im dritten und vierten Durchgang stocherte Betty dagegen zwar zuerst ein paar Minuten mit dem gebogenen Aluminiumstreifen in der Röhre herum, dann aber machte sie eine solche Kopfbewegung, dass das eine Ende des Streifens sich an der Röhre verhakte und sich dadurch begradigte. Mit dem so verformten Werkzeug konnte sie dann das Futter erreichen.

Was lernt man von den Versuchen? Ob dieses Verhalten nun wirklich zielgerichtet war oder nicht, kann bei diesen Ergebnissen schwer beurteilt werden. Definitiv kann gesagt werden, dass es oft nicht einfach ist, Versuche mit intelligenten Tieren zu machen – diese haben oft Ideen, die man sich kaum vorstellen kann!

Trotz aller Fragezeichen ist das Verhalten von Betty und ihren Artgenossen faszinierend. Sie stellen Werkzeuge her und zeigen im Gegensatz zu Schimpansen ein relativ gutes Verständnis der physikalischen Eigenschaften von Gegenständen, ihrer Zusammenhänge und ihres Zusammenwirkens. Wie aber erlernen diese Vögel die Herstellung von Werkzeugen? Ist es ein zumindest teilweise angeborenes Verhalten? Oder ist es auch soziales Lernen (siehe Kapitel III), das heißt, lernen sie durch Abschauen von anderen, wie Werkzeuge hergestellt werden können?

Um das zu untersuchen, hat Ben Kenward zusammen mit seinen Kollegen vier Geradschnabelkrähen mit der Hand aufgezogen (Kenward et al., 2005). Zwei dieser Tiere konnten nie beobachten, wie irgendje-

Abbildung VI-4: Zwei junge Geradschnabelkrähen, Uek und Nalik, versuchen Stöckchen in Löcher in einem Baumstupf zu stecken.

mand Werkzeuge benutzte, während den anderen beiden Tieren regelmäßig von ihren menschlichen Adoptiveltern gezeigt wurde, wie man mit einem Stöckchen ein Insekt aus einem Spalt holt. Im Alter von 68 bis 72 Tagen durften die Tiere dann in eine Voliere, wo es Material für Werkzeuge gab und Futter in verschiedenen künstlichen Löchern und Spalten versteckt war (Abbildung VI-4). Alle vier Krähen machten aus den verschiedenen Materialien Werkzeuge, um an Futter zu kommen. Allerdings waren diese Werkzeuge nicht alle wirklich brauchbar, das Werkzeugmaterial wurde auch nicht auf die charakteristische Art und Weise modifiziert, wie es bei frei lebenden, erwachsenen Vögeln erfolgt (Hunt & Gray, 2003). Nur einer der vier Vögel, der allerdings keine Demonstrationen gesehen hatte, holte mit dem hergestellten Werkzeug wirklich Futter aus den Spalten. Weitere Untersuchungen haben aber dennoch gezeigt, dass die zwei Vögel, die ihren Adoptiv-eltern beim Werkzeuggebrauch zusehen durften, öfters mit kleinen Stöckchen spielten und diese auch öfters in Spalten steckten. Diese Ergebnisse deuten also darauf hin, dass sowohl angeborene Verhal-tensweisen, individuelles Lernen als auch sozialer Einfluss zumindest bei der Herstellung von Werkzeugen und eventuell deren Gebrauch bei Geradschnabelkrähen eine Rolle spielen.

Dieses komplexe Verhalten unterstreicht noch einmal die Schwierig-keit herauszufinden, inwieweit Werkzeuggebrauch bei Tieren eine ko-gnitive Repräsentation der Aufgabe, eine vorausschauende Planung und ein zielgerichtetes Problemlösungsverhalten zeigt (Watanabe & Huber, 2006).

Termiten kann man am besten angeln: Geschichten aus dem Regenwald

Wie bereits geschildert, benutzen Schimpansen Werkzeuge, um Nüsse mit harten Schalen zu knacken. Schimpansen gehören allerdings zu einer der wenigen Arten, die in ihrem natürlichen Lebensraum mehr als ein Werkzeug benutzen. Als zweites Beispiel werden wir sehen, wie Schimpansen Termiten angeln.

Obwohl Schimpansen im selben Gebiet mit mehreren Arten von Termiten leben, fressen sie nur einige dieser Arten. Einige, aber nicht alle Schimpansen-Populationen benutzen zum Fressen von Termiten Werkzeuge in Form von Angeln. Es wird geschildert, dass es beim Angeln von Termiten Unterschiede nicht nur zwischen den einzelnen Schimpansen-Populationen, sondern sogar zwischen benachbarten Gruppen gibt (McGrew, 2004). Einige dieser Unterschiede können mit den verschiedenen ökologischen Bedingungen erklärt werden, an-dere wiederum werden als Ergebnis sozialer Traditionen oder kulturel-ler Unterschiede beschrieben (siehe Kapitel III).

Aber wie angeln nun die Schimpansen nach Termiten? Meistens fressen Schimpansen Termiten, die zu der Gattung *Macrotermes* gehören (McGrew & Marchant, 1992). Diese Termiten gehören zu den größten in Afrika und kommen in verschiedenen Habitaten vor. Obwohl alle Arten dieser Gattung unterirdische Pilzgärten anlegen, gibt es einige, die nur unterirdische Nester haben, und andere, deren Nester auch einen überirdischen Teil mit einschließen. Bis vor Kurzem gab es eher indirekte Beweise, dass Schimpansen Werkzeuge benutzen, um an die Termiten heranzukommen: An den Termitenhügeln fand man wiederholt verschiedene Stöcke, die offensichtlich in einer bestimmten Weise ausgesucht und behandelt worden waren (Fay & Carroll, 1994; Sabater Pi, 1974; Sugiyama, 1985). So gibt es einerseits relativ starke Stöcke, andererseits eher dünne Angelruten. Es wurde vermutet, dass die stärkeren Stöcke benutzt werden, um Löcher in die Termitennester zu stechen, und die dünnen Angelruten zum Herausfischen der Termiten (Abb. VI-5, Farbbildteil S. 144). Einige von diesen Angelruten hatten ausgefranste Enden – wahrscheinlich um das Termitenfischen effektiver zu gestalten. Aber obwohl diese Vermutungen schon seit mehreren Jahrzehnten geäußert wurden, gab es bis vor Kurzem keine direkten Beobachtungen, wie diese Werkzeuge hergestellt und wie sie genau eingesetzt werden.

Um dies genauer zu erforschen, entwickelten Crickette Sanz und David Morgen (Sanz et al., 2004; Sanz & Morgan, 2007) eine neue Methode, die in den Regenwäldern des Kongo angewendet werden sollte. Um die Schimpansen nicht zu erschrecken, wurden an verschiedenen Termitenhügeln Videokameras zur Beobachtung installiert. Ein Infrarot-Bewegungsmelder schaltete über einen Computer die Kamera ein, sobald sich ein Affe in der Nähe des Hügels bewegte. Dieser Affe wurde dann registriert. Die Kamera wurde wieder ausgeschaltet, wenn länger als zwei Minuten keine Bewegung stattfand. Durch dieses Kamerasystem war es möglich, eine Schimpansengruppe bestehend aus 54 Tieren beim Termitenangeln zu beobachten. Insgesamt wurden von 69 solchen Aktionen an acht verschiedenen Nestern Videoaufnahmen gemacht, die dann später ausgewertet wurden.

Die Schimpansen nutzten zwei unterschiedliche Werkzeugsätze, um an die Termiten zu gelangen. Ein Werkzeugsatz bestand jeweils aus mindestens zwei Werkzeugen, die in einer bestimmten Reihenfolge hintereinander angewendet wurden, um ein bestimmtes Ziel zu erreichen (Brewer & McGrew, 1990).

Unterirdische Nester
Schritt 1: Wie kommt der Schimpanse an unterirdische Nester?
Zuerst braucht ein Schimpanse einen passenden Stock: gerade, glatt an der Oberfläche, mit ziemlich demselben Durchmesser über die gesamte Länge. Diese Stöcke wurden fast ausschließlich von einer bestimmten Baum-/Strauchart (*Thomandersia hensii*) genommen. Befand sich diese Baum-/Strauchart nicht in nächster Umgebung des Termitenhügels, holten die Schimpansen die Äste auch durchaus über weite Distanzen heran. Die Äste wurden dann so bearbeitet, dass sie sich als Werkzeug eigneten. Zum Beispiel wurden die Blätter abgestreift, die Länge gekürzt und das Ende des Stockes gespitzt. Nachdem das Werkzeug, die Angel, hergestellt war, wurde die Oberfläche des Termitenhügels mit den Händen von alten Blättern und Erde befreit. Und nun ging es los. Der Schimpanse stach den Stock an der Stelle, die er von Blättern befreit hatte, in den Boden. Dies tat er mit beiden Händen und manchmal sogar mithilfe des Fußes, mit dem er den Stock in der Mitte hielt, um ihn zu stabilisieren. War der Stock fast ganz im Boden (bis zu 40 Zentimeter), zog der Schimpanse ihn wieder heraus und roch am Ende – der Hohlraum des Termitennestes riecht wahrscheinlich anders als reine Erde. So erkannte er, ob ein Nest getroffen war. War er erfolgreich, kam das nächste Werkzeug zum Einsatz – falls nicht, wurde der Prozess an anderer Stelle wiederholt (Sanz et al., 2004; Sanz & Morgan, 2007).

Schritt 2: Angeltechniken
Als Angelrute benutzten die Schimpansen den Stiel eines Krauts. Wenn der Durchmesser des Stiels zu groß war, wurde er von den Schimpansen in der Mitte gespalten. Das Ende wurde von Blättern befreit und dann mehrmals durch die halb zusammengebissenen Zähne gezogen, um es auszufransen. Danach wurde das ausgefranste Ende

mit Speichel befeuchtet und dann entweder durch den Mund oder durch die Hand gezogen, um die Fasern zu glätten. So konnte dieser »Pinsel« als Angelrute leicht in das mit dem Stock geformte Loch eingeführt und mit einer schnellen Bewegung wieder herausgezogen werden. Auf dem ausgefransten Ende befanden sich meistens die Termiten, die der Schimpanse dann auf eine von zwei Arten in seinen Mund beförderte:

- auf dem direkten Weg: hier essen die Schimpansen die Termiten direkt vom Pinsel der Angelrute;
- auf dem indirekten Weg: hier zieht der Schimpanse den Stiel der Angelrute durch seine Faust und frisst nun die Termiten von seiner Hand.

Die Angelruten wurden manchmal sogar von den Schimpansen zu einem nächsten Termitenhügel mitgenommen.

Oberirdische Nester

Schritt 1: Oberirdische Termitennester sind sehr hart – fast wie zementiert –, sodass es für Schimpansen relativ schwer ist, an das Innere der Nester und somit an die Termiten zu gelangen. An der Oberfläche der Nester existieren Ausgangslöcher, die von den Termiten angelegt werden, die aber mit Erde verschlossen sind. Die Schimpansen stöbern diese Ausgangslöcher auf und versuchen sie mit einem Stock, oft durch kreisende Bewegungen, zu öffnen. Dieses Werkzeug kann entweder aus kleinen, geraden Stöckchen bestehen oder aus langen, stabilen Ästen mit Zweigen und Blättern. Während einige Schimpansen das Werkzeug vor dem Gebrauch bearbeiten – Blätter entfernen, die Länge kürzen, das Ende anspitzen –, lassen andere die Äste einfach intakt. Die Schimpansen sind für das Öffnen von oberirdischen Termitennestern bei der Auswahl ihrer Werkzeuge also bei Weitem nicht so wählerisch wie beim Anbohren unterirdischer Nester.

Schritt 2: Zum Herausfischen der Termiten aus den geöffneten oberirdischen Nestern werden Angelruten benutzt, die vergleichbar mit denen sind, die bei den unterirdischen Nestern verwendet werden.

Schimpansen benutzen also zum Ausräubern von Termitennestern nicht nur ein Werkzeug, sondern einen Werkzeugsatz aus zwei Werkzeugen, wobei diese je nach der Art der Nester, unterirdisch oder oberirdisch, sogar noch variieren können. Schimpansen legen hierbei ein schon sehr komplexes Verhalten an den Tag. Den Kognitionswissenschaftlern stellt sich daher als nächste Frage, wie die Tiere dieses Verhalten lernen.

Um dics genauer zu untersuchen, hat Elisabeth Lonsdorf vier Jahre lang junge Schimpansen im Gombe-Nationalpark in Tansania beobachtet. Die erste Beobachtung, die sie machte, war, dass beim Fischen bzw. Angeln von Termiten die weiblichen Schimpansen viel jünger waren (im Mittel zirka 31 Monate) als die männlichen (im Mittel rund 58 Monate) (Lonsdorf et al., 2004). Aber die Weibchen fingen nicht nur früher an, sondern fischten auch mehr und effizienter als die Männchen. Bei der genauen Analyse ihrer Methodik wurde festgestellt, dass die Weibchen die Termiten ähnlich fischen wie ihre Mütter, während die Männchen es mit einer eigenen Methode versuchen. Das war ein Hinweis darauf, dass soziales Lernen (siehe Kapitel III) zumindest bei den weiblichen Schimpansen eine Rolle spielt (Lonsdorf, 2005). Mit genaueren Analysen wurde gezeigt, dass weibliche Schimpansen mehr Zeit damit verbringen, ihren Müttern beim Termitenfischen zuzusehen, während die männlichen doch eher auf den Termitenhügeln spielen und nicht darauf achten, was ihre Mütter tun (Lonsdorf et al., 2004). Die Mütter waren gegenüber den jungen Weibchen toleranter als gegenüber den jungen Männchen, auch dann, wenn sie die Mutter beim Termitenfischen gestört hatten. Es konnte allerdings nicht beobachtet werden, dass die Mütter ihrem Nachwuchs das Termitenfischen in irgendeiner Weise aktiv beibrachten – mit anderen Worten, die Mütter fungierten nicht als Lehrer (Lonsdorf, 2006). Zusammenfassend bedeutet das, dass weibliche und männliche Schimpansen Termitenfischen wahrscheinlich durch unterschiedliche Prozesse lernen: Weibchen durch soziales Lernen (Abschauen bei der Mutter) und Männchen eher durch individuelles Lernen (Versuch und Irrtum), wobei Letzteres natürlich länger dauert. Die Tatsache, dass männliche Schimpansen bis zu fünf Jahre brauchen, um das Fischen von Termiten zu erlernen, zeigt sehr deutlich, dass diese Handlungen keine einfache Verhaltensweise darstellen, die schnell gelernt werden kann.

Zusammenfassung

In diesem Kapitel konnte gezeigt werden, dass es zwar einige Tierarten gibt, die Werkzeuge benutzen, dass es aber oft nicht ganz klar ist, wie viel diese Tiere wirklich von den physikalischen Eigenschaften dieser Werkzeuge verstehen. Prinzipiell kann man also zwischen zwei Ebenen des Verständnisses in Bezug auf Werkzeuggebrauch unterscheiden:

1) dem Verständnis, dass ein Werkzeug hilft, um ein bestimmtes Ziel zu erreichen, und
2) dem Verständnis, wie ein Werkzeug funktioniert.

Als Mensch verstehen wir irgendwann, dass es auch unsichtbare Kräfte gibt, wie zum Beispiel die Schwerkraft, die einen Einfluss auf die Bewegung aller Objekte hat. Aufgrund dieses Wissens können wir uns im Vorhinein überlegen, dass ein Objekt durch ein Loch fallen wird, das am Boden einer Röhre angebracht ist, aber nicht, wenn sich dieses Loch oben in der Röhre befindet. Diese Art von Verständnis scheint den Tieren zu fehlen. Sie können zwar lernen, wie sie mit solchen Problemen umgehen müssen, um ans Ziel zu kommen, aber dieses Lernen ist nicht durch ein wirkliches Verständnis des Problems untermauert. Auf der anderen Seite ist es aber auch faszinierend zu sehen, wie weit fortgeschritten der Gebrauch von zumindest relativ einfachen Werkzeugen bei manchen Tierarten wie z. B. den Geradschnabelkrähen und Schimpansen ist, die nicht nur natürliche Werkstoffe als Hilfsmittel benutzen, sondern diese sogar modifizieren, damit das Werkzeug möglichst effizient wird. Das bedeutet allerdings nicht, dass die

Tiere die physikalischen Gesetzmäßigkeiten verstehen und darauf basierend die Werkzeuge modifizieren, sondern auch hier kann es sich um einen Prozess von Versuch und Irrtum handeln. Inwieweit angeborene Verhaltensweisen eine signifikante Rolle spielen, um ein gewisses Ziel zu erreichen, kann oft nur durch detaillierte Beobachtungen und Versuche während der Entwicklung zum Erwachsensein der zu untersuchenden Art gezeigt werden. Wahrscheinlich ist, dass angeborene Verhaltensweisen überall eine Rolle spielen, aber das bedeutet nicht automatisch, dass Kognition keine Rolle spielt. Im Endeffekt kommt es darauf an, wie flexibel und innovativ Werkzeuge von Tieren benutzt werden, um eine Aussage darüber treffen zu können, ob sie mit ihren Handlungen ein bestimmtes Ziel verfolgen und eine Idee haben, wie sie dieses erreichen können (Weir & Kacelnik, 2006).

Literatur

Akins, C. K., Klein, E. D. & Zentall, T. R. 2002. Imitative learning in Japanese quail (Coturnix japonica) using the bidirectional control procedure. *Animal Learning & Behavior*, 30, 275–281.

Aureli, F., Schaik, C. v. & Hooff, J. A. R. A. M. v. 1989. Functional aspects of reconciliation among captive long-tailed macaques (*Macaca fasicularis*). *American Journal of Primatology*, 19, 39–51.

Aust, U. & Huber, L. 2006. Picture-object recognition in pigeons: evidence of representational insight in a visual categorization task using a complementary information procedure. *Journal of Experimental Psychology: Animal Behavior Processes*, 32, 190–195.

Aust, U., Range, F., Steurer, M. & Huber, L. 2008. Inferential reasoning by exclusion: A comparative study of pigeons, dogs, and humans. *Animal Cognition*, 11, 587–597.

Baron-Cohen, S., Leslie, A. M. & Frith, U. 1985. Does the autistic child have a »theory of mind«? *Cognition*, 21, 37–46.

Beck, B. B. & Galef Jr, B. G. 1989. Social influences on the selection of a protein-sufficient diet by Norway rats (*Rattus norvegicus*). *Journal of Comparative Psychology*, 103, 132–139.

Bergman, T. J., Beehner, J. C., Cheney, D. L. & Seyfarth, R. M. 2003. Hierarchical classification by rank and kinship in baboons. *Science*, 302, 1234–1236.

Boesch, C. 1994. Cooperative hunting in wild chimpanzees. *Animal Behavior*, 48, 653–667.

Boesch, C. 2003. Cooperation among Tai Chimpanzees. In: *Animal social complexity. Intelligence, culture and individualized societies* (Ed. by de Waal, F. B. M. & Tyack, P. L.), 93–110. Cambridge: Harvard University Press.

Boesch, C. & Boesch-Achermann, H. 2000. *The chimpanzees of the Tai forest*. Oxford: Oxford University Press.

Boesch, C. & Boesch, H. 1983. Optimization of nut-cracking with natural hammers by wild chimpanzees. *Behavior*, 83, 265–286.

Boesch, C. & Boesch, H. 1984. Mental Map in Wild Chimpanzees: An Analysis of Hammer Transports for Nut Cracking. *Primates*, 25, 160–170.

Boesch, C. & Boesch, H. 1989. Hunting behaviour of wild chimpanzees in the Tai National Park. *American Journal of Physical Anthropology*, 78, 547–573.

Bratman, M. 1981. Intention and means-end reasoning. *Philos Rev*, 90, 252–265.

Bräuer, J., Call, J. & Tomasello, M. 2005. All Great Ape species follow gaze to distant locations and around barriers. *Journal of Comparative Psychology*, 119, 145–154.

Brewer, S. M. & McGrew, W. C. 1990. Chimpanzee use of a tool-set to get honey. *Folia Primatologica*, 54, 100–104.

Brosnan, S. F. & de Waal, F. B. M. 2004. Socially learned preferences for differentially rewarded tokens in the brown Capuchin monkey (*Cebus apella*). *Journal of Comparative Psychology*, 118, 133–139.

Brown, A. 1990. Domain-specific principles affect learning and transfer in children. *Cogn Sci*, 14, 107–133.

Bshary, R. 2002. Biting cleaner fish use altruism to deceive image-scoring client reef fish. *Proceedings of the Royal Society of London Series B – Biological Sciences*, 269, 2087–2093.

Bshary, R. & Grutter, A. S. 2002. Asymmetric cheating opportunities and partner control in a cleaner fish mutualism. *Animal Behaviour*, 63, 547–555.

Bshary, R. & Grutter, A. S. 2006. Image scoring and cooperation in a cleaner fish mutualism. *Nature*, 441, 975–978.

Bugnyar, T. & Heinrich, B. 2005. Ravens, Corvus corax, differentiate between knowledgeable and ignorant competitors.

Proceedings Of The Royal Society B – Biological Sciences, 272, 1641–1646.

Bugnyar, T. & Huber, L. 1997. Push or pull: an experimental study on imitation in marmosets. *Animal Behaviour*, 54, 817–831.

Bugnyar, T. & Kotrschal, K. 2002a. Scrounging tactics in free-ranging ravens, Corvus corax. *Ethology*, 108, 993–1009.

Bugnyar, T. & Kotrschal, K. 2002b. Observational learning and the raiding of food caches in ravens, Corvus corax: is it »tactical« deception? *Animal Behaviour*, 64, 185–195.

Bugnyar, T., Stowe, M. & Heinrich, B. 2004. Ravens, Corvus corax, follow gaze direction of humans around obstacles. *Proceedings of the Royal Society of London Series B – Biological Sciences*, 271, 1331–1336.

Byrne, R. & Whiten, A. 1988. *Machiavellian intelligence: Social expertise and the evolution of intellect in monkeys, apes and humans*. Oxford: Clarendon Press.

Byrne, R. W. & White, A. T. 1990. Tactical deception in primates: the 1990 data-base. *Primate Report*, 27, 1–101.

Campbell, F. M., Heyes, C. M. & Goldsmith, A. R. 1999. Stimulus learning and response learning by observation in the European starling, in a two-object/two-action test. *Animal Behaviour*, 58, 151–158.

Cheney, D. L. 1977. The acquisition of rank and the development of reciprocal alliances among free-ranging immature baboons. *Behavioral Ecology and Sociobiology*, 2, 303–318.

Cheney, D. L. & Seyfarth, R. M. 1980. Vocal Recognition in Free-Ranging Vervet Monkeys. *Animal Behaviour*, 28, 362–367.

Cheney, D. L. & Seyfarth, R. M. 1986. The recognition of social alliances among vervet monkeys. *Animal behaviour*, 34, 1722–1731.

Clutton-Brock, T. 2002. Breeding together: kin selection and mutualism in cooperative vertebrates. *Science*, 296, 69–72.

Clutton-Brock, T. H., Gaynor, D., McIlrath, G. M., MacColl, A. D. C., Kansky, R., Chadwick, P., Manser, M., Brotherton, P. N. M. & Skinner, J. D. 1999a. Predation, group size and mortality in a cooperative mongoose, Suricata suricatta. *Journal of Animal Ecology*, 68, 672–683.

Clutton-Brock, T. H., OÓRiain, M. J., Brotherton, P. N. M., Gaynor, D., Kansky, R., Griffin, A. S. & Manser, M. 1999b. Selfish Sentinels in Cooperative Mammals. *Science*, 284, 1641–1644.

Connor, R. C. 2001. Individual foraging specializations in marine mammals: Culture and ecology. *Behavioral and Brain Sciences*, 24, 329–330.

Connor, R. C., Heithaus, M. R. & Barre, L. M. 2001. Complex social structure, alliance stability and mating access in a bottlenose dolphin »super alliance«. *Proceedings of the Royal Society of London Series B – Biological Sciences*, 268, 263–267.

Cooper, S. M. 1990. The hunting behaviour and spotted hyaenas (*Crocuta crocuta*) in a region containing both sedentary and migratory populations of herbivores. *African Journal of Ecology*, 28, 131–141.

Creel, S. & Creel, N. M. 1995. Communial hunting and pack size in African wild dogs, *Lycaon pictus. Animal behavior*, 50, 1325–1339.

Day, R. L., Coe, R. L., Kendal, J. R. & Laland, K. N. 2003. Neophilia, innovation and social learning: a study of intergeneric differences in callitrichid monkeys. *Animal Behaviour*, 65, 559–571.

Dell'mour, V., Range, F. & Huber, L. in press.

Dorrance, B. R. & Zentall, T. R. 2002. Imitation of conditional discriminations in pigeons (Columba livia). *Journal of Comparative Psychology*, 116, 277–285.

Drea, C., Neves, A., Lopez, V. & Glickman, S. 1996. Cooperation in captive spotted hyenas (*Crocuta crocuta*). *Paper presented at the annual meeting of the Animal Behaviour Society, Flagstaff, AZ.*

Dunbar, R. I. M. 1998. The social brain hypothesis. *Evolutionary Anthropology*, 6, 178–190.

Emery, N. J., Lorincz, E. N., Perrett, D. I., Oram, M. W. & Baker,

C. I. 1997. Gaze following and joint attention in rhesus monkeys (*Macaca mulatta*). *Journal Of Comparative Psychology*, 111, 286–293.

Epstein, R., Kirshnit, C. E., Lanza, R. P. & Rubin, L. C. 1984. «Insight" in the pigeon: antecendents and determinants of an intelligent performance. *Nature*, 308, 61–62.

Erdöhegyi, A., Topal, J., Virányi, Z. & Miklósi, A. 2007. Dog-logic: inferential reasoning in a two-way choice task and its restricted use. *Animal Behaviour*, 74, 725–737.

Fay, J. M. & Carroll, R. W. 1994. Chimpanzee Tool Use for Honey and Termite Extraction in Central-Africa. *American Journal of Primatology*, 34, 309–317.

Ferrari, P. F., Kohler, E., Fogassi, L. & Gallese, V. 2000. The ability to follow eye gaze and its emergence during development in macaque monkeys. *Proceedings of the National Academy of Sciences, U.S.A.*, 97, 13997–14002.

Fragaszy, D. & Visalberghi, E. 2004. Socially biased learning in monkeys. *Learning & Behavior*, 32, 24–35.

Fragaszy, D. M. & Perry, S. 2003. *The Biology of Traditions: Models and Evidence*. Cambridge: Cambridge University Press.

Franks, N. R. & Richardson, T. 2006. Teaching in tandem-running ants. Tapping into the dialogue between leader and follower reveals an unexpected social skill. *Nature*, 439, 153.

Funk, M. S. 2002. Problem solving skills in young yellow-crowned parakeets (*Cyanoramphus auriceps*). *Animal Cognition*, 5, 167–176.

Gacsi, M., Miklosi, A., Varga, O., Topal, J. & Csanyi, V. 2004. Are readers of our face readers of our minds? Dogs (*Canis familiaris*) show situation-dependent recognition of human's attention. *Animal Cognition*, 7, 144–153.

Galef Jr., B. G. 1996. Social enhancement of food preferences in Norway rats: a brief review. In: *Social learning in animals: the roots of culture* (Ed. by Heyes, C. & Galef Jr, B. G.). San Diego: Academic Press.

Galef Jr., B. G., Beck, M. & Whiskin, e. E. 1991. Protein deficiency magnifies social influence on food choices of Norway rats (*Rattus norvegicus*). *Journal of Comparative Psychology*, 105, 55–59.

Galef Jr., B. G., Pretty, S. & Whiskin, E. E. 2006. Failure to find aversive marking of toxic foods by Norway rats. *Animal Behavior*, 72, 1427–1436.

Galef Jr., B. G. & Whiskin, E. E. 2006. Increased reliance on socially acquired information while foraging in risky situations? *Animal Behavior*, 72, 1169–1176.

Galef Jr., B. G. & Whiskin, E. E. 2008. Use of social information by sodium- and protein-deficient rats: test of a prediction (Boyd & Richerson 1988). *Animal Behavior*, 75, 627–630.

Gerard, M. 1998. Solitary and social huntings in pale chanting goshawk (*Melierax canorus*). *Journal of Raptor Research*, 32, 195–201.

Gergely, G., Bekkering, H. & Kiraly, I. 2002. Rational imitation in preverbal infants. *Nature*, 415, 755–755.

Grutter, A. S. 1995 Relationship between cleaning rates and ectoparasite loads in coral reef fishes. *Mar. Ecol. Prog. Ser.*, 118, 51–58.

Hare, B., Addessi, E., Call, J., Tomasello, M. & Visalberghi, E. 2003. Do capuchin monkeys, Cebus apella, know what conspecifics do and do not see? *Animal Behavior*, 65, 131–142.

Hare, B., Brown, M., Williamson, C. & Tomasello, M. 2002. The domestication of social cognition in dogs. *Science*, 298, 1634–1636.

Hare, B., Call, J., Agnetta, B. & Tomasello, M. 2000. Chimpanzees know what conspecifics do and do not see. *Animal Behavior*, 59, 771–785.

Hare, B., Call, J. & Tomasello, M. 2001. Do chimpanzees know what conspecifics know? *Animal Behaviour*, 61, 139–151.

Hare, B. & Tomasello, M. 1999. Domestic dogs (*Canis familiaris*) use human and conspecific social cues to locate hidden food. *Journal of Comparative Psychology*, 113, 173–177.

Hauser, M. 1998. A non-human primate's expectations about object motion and destination: the importance of self-propelled movement and animacy. *Developmental Science*, 1, 31–38.

Hauser, M. D., Kralik, J. & Botto-Mahan, C. 1999. Problem solving and functional design features: experiments on cotton-top tamarins, Saguinus oedipus oedipus. *Animal Behaviour*, 57, 565–582.

Heinrich, B. 1995. An experimental investigation of insight in Common Ravens (*Corvus corax*). *Auk*, 112, 994–1003.

Heinrich, B. 1999. *Mind of the Raven*. New York: Harper.

Heinrich, B. & Bugnyar, T. 2005. Testing problem solving in ravens: String-pulling to reach food. *Ethology*, 111, 962–976.

Heinrich, B. & Pepper, J. W. 1998. Influence of competitors on caching behaviour in the common raven, Corvus corax. *Animal Behaviour*, 56, 1083–1090.

Heinsohn, R., Packer, C. & Pusey, A. E. 1996. Development of cooperative territoriality in juvenile lions. *Proceedings of the Royal Society of London Series B – Biological Sciences*, 263, 475–479.

Herrnstein, R. J. & Loveland, D. H. 1964. Complex visual concept in pigeon. *Science*, 156, 549–551.

Holekamp, K. E., Smale, L., Berg, R. & Cooper, S. M. 1997. Hunting rates and hunting success in the spotted hyaena (*Crocuta crocuta*). *Journal of Zoology (London)*, 242, 1–15.

Horner, V. & Whiten, A. 2005. Causal knowledge and imitation/emulation switching in chimpanzees (*Pan trogiodytes*) and children (*Homo sapiens*). *Animal Cognition*, 8, 164–181.

Huber, L. & Gajdon, G. K. 2006. Technical intelligence in animals: the kea model. *Animal Cognition*, 9, 295–305.

Huber, L., Troje, N. F., Loidolt, M., Aust, U. & Grass, D. 2000. Natural categorization through multiple feature learning in pigeons. *Quarterly Journal of Experimental Psychology Section B – Comparative and Physiological Psychology*, 53, 341–357.

Humphrey, N. K. 1976. The social function of intellect. In: *Growing points in Ethology* (Ed. by Bateson, P. P. G. & Hinde, R. A.), 303–317. Cambridge: Cambridge University Press.

Hunt, G. R. 1996. Manufacture and use of hook-tools by New Caledonian crows. *Nature*, 379, 249–251.

Hunt, G. R. 2000. Human-like, population-level specialization in the manufacture of pandanus tools by New Caledonian crows, *Corvus moneduloides*. *Proceedings of the Royal Society of London Series B – Biological Sciences*, 267, 403–413.

Hunt, G. R. & Gray, R. D. 2003. Diversification and cumulative evolution in New Caledonian crow tool manufacture. *Proceedings of the Royal Society of London Series B – Biological Sciences*, 270, 867–874.

Hunt, G. R. & Gray, R. D. 2004a. The crafting of hook tools by wild New Caledonian crows. *Proceedings of the Royal Society of London Series B – Biological Sciences*, 271, S88–S90.

Hunt, G. R. & Gray, R. D. 2004b. Direct observations of pandanus-tool manufacture and use by a New Caledonian crow (*Corvus moneduloides*). *Animal Cognition*, 7, 114–120.

Janson, C. H. & Smith, E. A. 2003. The evolution of culture: New perspectives and evidence. *Evolutionary Anthropology*, 12, 57–60.

Kaminski, J., Call, J. & Fischer, J. 2004. Word learning in a domestic dog: Evidence for »fast mapping«. *Science*, 304, 1682–1683.

Kaminski, J., Riedel, J., Call, J. & Tomasello, M. 2005. Domestic goats, *Capra hircus*, follow gaze direction and use social cues in an object choice task. *Animal Behaviour*, 69, 11–18.

Kaplan, H., Hill, K., Lancaster, J. & Hurtado, A. 2000. A theory of human life history evolution: diet, intelligence and longevity. *Evolutionary Anthropology*, 9, 156–185.

Karin-D'Arcy, R. & Povinelli, D. J. 2002. Do chimpanzees know what each other see? A closer look. *International Journal of Comparative Psychology*, 15, 21–54.

Kenward, B., Weir, A. A. S., Rutz, C. & Kacelnik, A. 2005. Tool manufacture by naive juvenile crows. *Nature*, 433, 121.

Köhler, W. 1925. *The mentality of apes.* New York: Harcourt Brace.

Kruuk, H. 1972. *The spotted hyena: a study of predation and social behaviour.* Chicago: University of Chicago Press.

Ladygina Koths, N. N. 1959. *Construction and tool use in Great Apes.* Moscow: Academy of Science.

Laland, K. N. & Hoppitt, W. 2003. Do animals have culture? *Evolutionary Anthropology,* 12, 150–159.

Lefebvre, L., Reader, S. M. & Sol, D. 2004. Brains, innovations and evolution in birds and primates. *Brain, Behavior and Evolution,* 63, 233–246.

Leslie, A. M., Friedmann, O. & German, T. P. 2004. Core mechanisms in »theory of mind«. *Trends in Cognitive Sciences,* 8, 528–533.

Limongelli, L., Boysen, S. T. & Visalberghi, E. 1995. Comprehension of Cause-Effect Relations in a Tool-Using Task by Chimpanzees (*Pan Troglodytes*). *Journal of Comparative Psychology,* 109, 18–26.

Lockman, J. J. 2000. A perception-action perspective on tool use development. *Child Development,* 71, 137–144.

Lonsdorf, E. V. 2005. Sex differences in the development of termite-fishing skills in the wild chimpanzees, *Pan troglodytes schweinfurthii,* of Gombe National Park, Tanzania. *Animal Behaviour,* 70, 673–683.

Lonsdorf, E. V. 2006. What is the role of mothers in the acquisition of termite-fishing behaviors in wild chimpanzees (*Pan troglodytes schweinfurthii*)? *Animal Cognition,* 9, 36–46.

Lonsdorf, E. V., Eberly, L. E. & Pusey, A. E. 2004. Sex differences in learning in chimpanzees. *Nature,* 428, 715.

Marzluff, C. S. & Heinrich, B. 1991. Foraging by common ravens in the presence and absence of territory holders: an experimental analysis of social foraging. *Animal behavior,* 42, 755–770.

McGrew, W. C. 2004. Primatology: Advanced ape technology. *Current Biology,* 14, R1046–R1047.

McGrew, W. C. & Marchant, L. F. 1992. Chimpanzees, Tools, and Termites – Hand Preference or Handedness. *Current Anthropology*, 33, 114–119.

Melis, A. P., Hare, B. & Tomasello, M. 2006. Chimpanzees recruit the best collaborators. *Science*, 311, 1297–1300.

Metzgar, L. H. 1967. An experimental comparison of screech owl predation on resident and transient white-footed mice (*Peromyscus leucopus Journal of Mammalogy*, 48, 387–391.

Miklósi, A., Polgárdi, R., Topál, J., & Csányi, V. 1998. Use of experimenter-given cues in dogs. *Animal Cognition*, 1, 113.

Miklosi, A. & Soproni, K. 2006. A comparative analysis of animals' understanding of the human pointing gesture. *Animal Cognition*, 9, 81–93.

Miller, R. J. 1973. Cross-cultural research in the perception of pictorial materials. *Psychol Bull*, 80, 135–150.

Moller, L. M., Beheregaray, L. B., Harcourt, R. G. & Krutzen, M. 2001. Alliance membership and kinship in wild male bottlenose dolphins (*Tursiops aduncus*) of southeastern Australia. *Proceedings of the Royal Society of London Series B – Biological Sciences*, 268, 1941–1947.

Nigel, F. R., Richardson, T. 2006. Teaching in tandem-running ants. *Nature*, 439, 153.

Nishida, T. & Hiraiwa-Hasegawa, M. 1987. Chimpanzees and bonobos: Cooperative relationships among males. In: *Primate Societies* (Ed. by Smuts, B. B., Cheney, D. L., Seyfarth, R. M., Wrangham, R. W. & Struhsaker, T. T.), 165–177. Chicago: University of Chicago Press.

Osthaus, B., Lea, S. E. G. & Slater, A. M. 2005. Dogs *(Canis lupus familiaris)* fail to show understanding of means-end connections in a string-pulling task. *Animal Cognition*, **8**, 37–47.

Packer, C. & Ruttan, L. 1988. The evolution of cooperative hunting. *The American Naturalist*, 132, 159–198.

Pavlov, I. P. 1927. *Conditioned Reflexes: An investigation of physiological activity of the cerebral cortex*. London: Oxford University Press.

Pearce, J. M. 1987. A model for stimulus generalization in Pavlovian conditioning. *Psychological Review*, 94.

Pepperberg, I. M. 2004. Insightful string pulling in Grey parrots (*Psittacus erithacus*) is affected by vocal competence. *Animal Cognition*, 7, 263–266.

Perry, S. & Manson, J. H. 2003. Traditions in monkeys. *Evolutionary Anthropology*, 12, 71–81.

Pesendorfer, M. B., Gunhold, T., Schiel, N., Souto, A., Huber, L. & Range, F. 2009. The maintenance of traditions in marmosets: Individual habit, not social conformity? A field experiment. *Plos one*, 4, e4472.

Pfungst, O. 1965. *Clever Hans: The horse of Mr Van Osten*. New York: Holt.

Piaget, J. 1953. *The origin of intelligence in the child*. London: Routledge and Kegan Paul.

Poss, S. R. & Rochat, P. 2003. Referential Understanding of Videos in Chimpanzees *(Pan troglodytes)*, Orangutans *(Pongo pygmaeus)*, and Children *(Homo sapiens)*. *Journal of Comparative Psychology*, 117, 420–428.

Povinelli, D. J. & Eddy, T. J. 1996. Factors influencing young chimpanzees' (*pan troglodytes*) recognition of attention. *Journal of Comparative Psychology*, 110, 336–345.

Pryor, K. 1984. *Don't shoot the dog! The new art of teaching and training*. New York: Bantam Books.

Range, F. 2006. Social behavior of free-ranging juvenile sooty mangabeys *(Cercocebus torquatus atys)*. *Behavioral Ecology and Sociobiology*, 59, 511–520.

Range, F. & Fischer, J. 2004. Vocal repertoire of sooty mangabeys *(Cercocebus torquatus atys)* in the Tai National Park. *Ethology*, 110, 301–321.

Range, F. & Noe, R. 2002. Familiarity and dominance relations among female sooty mangabeys in the Tai National Park. *American Journal of Primatology*, 56, 137–153.

Range, F. & Noe, R. 2005. Can simple rules account for the pattern of triadic interactions in juvenile and adult female sooty mangabeys? *Animal Behaviour*, 69, 445–452.

Range, F., Viranyi, Z. & Huber, L. 2007. Selective Imitation in Domestic Dogs. *Current Biology*, 17, 868–872.

Reaux, J. E., Theall, L. A. & Povinelli, D. 1999. A longitudinal investigation of chimpanzees' understandig of visual perception. *Child Development*, 70, 275–290.

Rendell, L. & Whitehead, H. 2001. Culture in whales and dolphins. *Behavioral and Brain Science*, 24, 309–382.

Rescorla, R. A. & Wagner, A. R. 1972. A theory of Pavlovian conditioning: variations in the effectiveness of reinforcement and nonreinforcement. In: *Classical conditioning II: Current research ad theory* (Ed. by Black, A. H. & Prokasy, W. F.), 64–99. New York: Appleton-Century-Crofts.

Roginsky, G. Z. 1948. *Acquirements and Germs of intellectual actions in anthropoids (chimpanzees)*. Leningrad, UDSSR: Leningrad State University Press.

Sabater Pi, J. 1974. An elementary industry of the chimpanzees in the Okorobiko Mountains, Rio Muni (Republic of Equatorial Guinea), West Africa. *Primates*, 15, 351–364.

Santos, H. M., Miller, C. T. & Hauser, M. 2003. Representing tools: how two non-human primate species distinguish between the functionally relevant and irrelevant features of a tool. *Animal Cognition*, 6, 269–281.

Sanz, C., Morgan, D. & Gulick, S. 2004. New insights into chimpanzees, tools, and termites from the Congo basin. *American Naturalist*, 164, 567–581.

Sanz, C. M. & Morgan, D. B. 2007. Chimpanzee tool technology in the Goualougo Triangle, republic of Congo. *Journal of Human Evolution*, 52, 420–433.

Schaik, C. P. v., Ancrenaz, M., Borgen, G., Galdikas, B., Knott, C. D., Singleton, I., Suzuki, A., Utami, S. S. & Merrill, M. 2003. Orangutan Cultures and the Evolution of Material Culture. *Science*, 299, 102–105.

Schaik van, C. P. 1999. The conditions for tool use in primates: implications for the evolution of material culture. *Journal of Human Evolution*, 36, 719–741.

Schatz, B., Lachaud, J.-P. & Beugnon, G. 1997. Graded recruitment and hunting strategies linked to prey weight and size in the ponerine ant *Ectatomma ruidum*. *Behavioral Ecology and Sociobiology*, 40, 337–349.

Scheel, D. & Packer, A. E. 1991. Group hunting behaviour in lions: a search for cooperation. *Animal Behaviour*, 41, 697–710.

Schiel, N. & Huber, L. 2006. Social influences on the development of foraging behavior in free-living common marmosets *(Callithrix jacchus)*. *American Journal of Primatology*, 68, 1–11.

Schlögl, C., Kotrschal, K. & Bugnyar, T. 2007. Gaze following in common ravens *Corvus Corax*: Ontogeny and habituation. *Animal Behaviour*. 74, 769-778.

Schwab, C. & Huber, L. 2006. Obey or not obey? Dogs *(Canis familiaris)* behave differently in response to attentional states of their owners. *Journal of Comparative Psychology*, 120, 169–175.

Seyfarth, R. M. 1976. Social relationships among adult female baboons. *Animal Behaviour*, 24, 917–938.

Seyfarth, R. M. & Cheney, D. L. 1984. Grooming, alliances and reciprocal altruism in vervet monkeys. *Nature*, 398, 541–543.

Seyfarth, R. M. & Cheney, D. L. 2001. Cognitive strategies and the representation of social relations by monkeys. In: *Evolutionary Psychology and Motivation* (Ed. by French, J. A., Kamil, A. C. & Leger, D. W.), 145–178. Lincoln: University of Nebraska Press.

Shettleworth, S. J. 1998. *Cognition, evolution, and behavior.* New York: Oxford University Press.

Silk, J. 1999. Male bonnet macaques use information about third-party rank relationships to recruit allies. *Animal Behaviour*, 58, 45–51.

Skinner, B. F. 1938. *The behaviour of Organisms: An experimental analysis.* New York: Appleton-Century.

Soproni, K., Miklosi, A., Topal, J. & Csanyi, V. 2001. Comprehension of human communicative signs in pet dogs *(Canis familiaris)*. *Journal of Comparative Psychology*, 115, 122–126.

Spence, K. W. 1996. The nature of discrimination learning in animals. *Psychological Review*, 43, 427–449.

Stander, P. E. 1992. Cooperative hunting in lions: the role of the individual. *Behavioral Ecology and Sociobiology*, 29, 445–454.

Sterck, E. H. M., Watts, D. P. & van Schaik, C. P. 1997. The evolution of female social relationships in nonhuman primates. *Behavioral Ecology and Sociobiology*, 41, 291–309.

Stone, V. E. & Gerrans, P. 2006. Does the normal brain have a theory of mind? *Trends in Cognitive Sciences*, 10, 3–4.

Sugiyama, Y. 1985. The brush-stick of chimpanzees found in southwest Cameroon and their cultural characteristics. *Primates*, 26, 361–374.

Szetei, V., Miklosi, A., Topal, J. & Csanyi, V. 2003. When dogs seem to lose their nose: an investigation on the use of visual and olfactory cues in communicative context between dog and owner. *Applied Animal Behaviour Science*, 83, 141–152.

Tebbich, S., Seed, A. M., Emery, N. J. & Clayton, N. S. 2007. Non-tool-using rooks, *Corvus frugilegus*, solve the trap-tube problem. *Animal Cognition*, 10, 225–231.

Tebbich, S., Taborsky, M., Fessl, B. & Blomqvist, D. 2001. Do woodpecker finches acquire tool-use by social learning? *Proceedings of the Royal Society of London Series B – Biological Sciences*, 268, 2189–2193.

Thorpe, W. H. 1956. *Learning and instinct in animals.* London: Methuen.

Tilson, R. L. & Hamilton, W. J. 1984. Social dominance and feeding patterns of spotted hyaenas. *Animal behavior*, 32, 715–724.

Tolman, E. C. 1932. *Purposive Behavior in Animals and Men.* New York: Appleton-Century-Crofts.

Tomasello, M. & Call, J. 1997. *Primate cognition.* Oxford: Oxford University Press.

Tomasello, M., Call, J. & Hare, B. 1998. Five primate species follow the visual gaze of conspecifics. *Animal Behaviour*, 55, 1063–1069.

Tomasello, M., Hare, B. & Agnetta, B. 1999. Chimpanzees, *Pan troglodytes*, follow gaze direction geometrically. *Animal Behaviour*, 58, 769–777.

Tomasello, M., Hare, B. & Fogleman, T. 2001. The ontogeny of gaze following in chimpanzees (*Pan troglodytes*) and rhesus macaques (*Macaca mulatta*). *Animal Behaviour*, 61, 335–343.

Topal, J., Miklosi, A., Csanyi, V. & Doka, A. 1998. Attachment behavior in dogs *(Canis familiaris)*: A new application of Ainsworth's (1969) Strange Situation Test. *Journal of Comparative Psychology*, 112, 219–229.

Troseth, G. L. & DeLoache, J. S. 1998. *Child Development*, 69, 950–965.

Viranyi, Z., Stefani, D., Range, F. & Huber, L. submitted. Common marmosets (*Callithrix jacchus*) copy both a conspecific model's action and its object movement effect.

Viranyi, Z., Topal, J., Gacsi, M., Miklosi, A. & Csanyi, V. 2004. Dogs respond appropriately to cues of humans' attentional focus. *Behavioural Processes*, 66, 161–172.

Viranyi, Z., Topal, J., Miklosi, A. & Csanyi, V. 2006. A nonverbal test of knowledge attribution: a comparative study on dogs and children. *Animal Cognition*, 9, 13–26.

Visalberghi, E. & Limongelli, L. 1996. Acting and understanding: Tool use revisited through the minds of capuchin monkeys. In: *Reaching into thought. The minds of the great apes.* (Ed. by Russon, A. E., Bard, K. A. & Parker, S.), 57–79. Cambridge: Cambridge University Press.

Visalberghi, E. & Trinca, L. 1989. Tool Use in Capuchin Monkeys – Distinguishing between Performing and Understanding. *Primates*, 30, 511–521.

Voelkl, B. & Huber, L. 2000. True imitation in marmosets. *Animal Behaviour*, 60, 195–202.

Voelkl, B. & Huber, L. 2007. Imitation as faithful copying of a novel technique in marmoset monkeys. *PLoS ONE*, e611.

Voelkl, B., Schrauf, C. & Huber, L. 2006. Social contact influences the response of infant marmosets towards novel food. *Animal Behaviour*, 72, 365–372.

Waal de, F. B. M. 1982. *Chimpanzee politics*. London: The Johns Hopkins Press.

Watanabe, S. & Huber, L. 2006. Animal logics: Decisions in the absence of human language. *Animal Cognition*, 9, 235–245.

Weir, A. A. S., Chappell, J. & Kacelnik, A. 2002. Shaping of hooks in new Caledonian crows. *Science*, 297, 981–981.

Weir, A. A. S. & Kacelnik, A. 2006. A New Caledonian crow *(Corvus moneduloides)* creatively re-designs tools by bending or unbending aluminium strips. *Animal Cognition*, 9, 317–334.

Werdenich, D. & Huber, L. 2002. Social factors determine cooperation in marmosets. *Animal Behaviour*, 64, 771–781.

Werdenich, D. & Huber, L. 2006. A case of quick problem solving in birds: string pulling in keas, *Nestor notabilis. Animal Behaviour*, 71, 855–863.

Whiten, A., Goodall, J., McGrew, W. C., Nishida, T., Reynolds, V., Sugiyama, Y., Tutin, C. E. G., Wrangham, R. W. & Boesch, C. 1999. Cultures in chimpanzees. *Nature*, 399, 682–653.

Whiten, A., Horner, V. & de Waal, F. B. M. 2005. Conformity to cultural norms of tool use in chimpanzees. *Nature*, 437, 737–740.

Wilkinson, G. S. 1985. The social organization of the common vampire bat. Pattern and cause of association. *Behavioral Ecology and Sociobiology* 17, 111–121.

Wimmer, H. & Perner, J. 1983. Beliefs about beliefs: representation and constraining function of wrong beliefs in young children's understanding of deception. *Cognition*, 13, 103–128.

Woodruff, G. & Premack, D. 1979. Intentional communication in the chimpanzee: the development of deception. *Cognition*, 7, 333–362.

Bildnachweis

UEBERREUTER

Markus Hofmann

Hirn in Hochform

So funktioniert Ihr Gehirn –
So verbessern Sie spielend leicht Ihr Gedächtnis

ISBN 978-3-8000-7391-7